會聲會影 X8
影片剪輯
剪接、字幕、濾鏡、配樂、分享
一次搞定

感謝您購買旗標書,
記得到旗標網站
www.flag.com.tw
更多的加值內容等著您…

<請下載 QR Code App 來掃描>

1. 建議您訂閱「旗標電子報」: 精選書摘、實用電腦知識
   搶鮮讀; 第一手新書資訊、優惠情報自動報到。

2. 「更正下載」專區: 提供書籍的補充資料下載服務, 以及
   最新的勘誤資訊。

3. 「網路購書」專區: 您不用出門就可選購旗標書!

   買書也可以擁有售後服務, 您不用道聽塗說, 可以直接
   和我們連絡喔!

   我們所提供的售後服務範圍僅限於書籍本身或內容表達
   不清楚的地方, 至於軟硬體的問題, 請直接連絡廠商。

● 如您對本書內容有不明瞭或建議改進之處, 請連上旗標網
   站, 點選首頁的 讀者服務, 然後再按左側 讀者留言版, 依
   格式留言, 我們得到您的資料後, 將由專家為您解答。註
   明書名 (或書號) 及頁次的讀者, 我們將優先為您解答。

   學生團體　訂購專線: (02)2396-3257 轉 361, 362
   　　　　　傳真專線: (02)2321-2545

   經銷商　　服務專線: (02)2396-3257 轉 314, 331
   　　　　　將派專人拜訪
   　　　　　傳真專線: (02)2321-2545

國家圖書館出版品預行編目資料

會聲會影 X8 影片剪輯 -
剪接、字幕、濾鏡、配樂、分享一次搞定 /
施威銘研究室 著. -- 臺北市: 旗標, 2015 .6　面; 公分

ISBN 978-986-312-268-5 (平裝附光碟)

1. 多媒體　2. 數位影像處理　3. 視訊系統

312.8　　　　　　　　　　　　　　104010036

作　　者/施威銘研究室

發 行 所/旗標科技股份有限公司

　　　　　台北市杭州南路一段15-1號19樓

電　　話/(02)2396-3257(代表號)

傳　　真/(02)2321-2545

劃撥帳號/1332727-9

帳　　戶/旗標科技股份有限公司

監　　督/楊中雄

執行企劃/陳怡先

執行編輯/陳怡先

美術編輯/薛榮貴・陳慧如

封面設計/古鴻杰

校　　對/陳怡先

新台幣售價: 390 元

西元 2017 年 10 月初版 5 刷

行政院新聞局核准登記-局版台業字第 4512 號

ISBN 978-986-312-268-5

版權所有・翻印必究

序

　　以往拍攝數位影片好像是新手父母的專利，每位爸爸、媽媽都會特地買一台效果不錯的 DV 攝影機，好紀錄寶寶成長的一點一滴，還要仔細將影片燒錄成光碟妥善收藏。才不過幾年的時間，智慧手機就可以拍出畫質不錯的影片，而且更方便攜帶，分享、上傳也方便，用手機拍攝再上傳社群網站成了最主流的方式，再則數位相機、數位單眼相機也可以拍出非常專業的影片成果，在拍照的過程中就可以順道拍攝影片。

　　由於拍攝數位影片變得更容易，不再侷限於數位攝影機，因此攝影也變成全民運動，不再只是爸媽的專利。生活中我們用來記錄聚會、派對的熱鬧氣氛，還有參加活動的花絮，重要婚宴喜慶留下感人的幸福回憶，或者利用運動攝影機捕捉上天下海的驚險時刻，還有車上行車紀錄器隨時側錄您的行車軌跡。這些拍攝好的成果，難免夾雜許多平淡無聊的片段，若能花一些些時間適當的後製剪輯一下，才能突顯影片的重點，分享到網站上也才能博得眾人的目光。

　　本書利用會聲會影 X8 做為剪輯工具，從影片的擷取、匯入電腦開始，帶您從無到有、將一段段影片處理得更活潑、有趣、專業，並靈活運用會聲會影 X8 新增的各項工具，簡化編輯繁雜的操作。在內容安排上，我們將各種影片剪輯的需求分門別類整理成不同的 9 個範例，範例中融入會聲會影的各項功能操作，您可以從中找到符合自己影片素材類型的編輯範本，輕鬆完成影片的編輯工作，也可以透過範例來學習會聲會影，更能掌握每項功能的使用時機。

施威銘研究室

2015 年 6 月

本書導覽

　　以前我們習慣用相片記錄生活及旅遊的點點滴滴，不過相片只能呈現靜態影像，沒辦法把現場的聲音、氣氛也記錄下來；隨著可錄製影片的設備愈來愈普及，愈來愈多人喜歡用手機、相機錄製影片。為人父母者，用影片記錄小寶寶的成長日記，從嗷嗷待哺、學走路到正式入學；新婚夫妻用影片記錄婚禮點滴、蜜月旅行的甜蜜時刻；三五好友出遊的旅程回憶；同學死黨用影片記錄求學生活的酸甜苦辣。

　　影片的處理流程就跟你拍完照片一樣，也需要篩選、修圖。你可以將拍攝過程中較無趣或誤拍的段落剪掉，讓有趣的精華片段集中在一起，也可以重新調整影片的段落順序，創造不一樣的故事情境，或者加入音樂、照片、字幕、旁白等元素，讓影片的內容更加豐富。總之，無論是將拍攝的影片原汁原味保存下來，或是喜歡慢慢修剪細節、添加個人巧思，本書都能滿足你所有的需求，讓你向大家精彩秀自己！

| 輸入影片 | • 將數位相機、手機、攝影機與電腦連接 (第 2 章) |
| | • 擷取或匯入影片素材 (第 3 章) |

剪接與美化影片	• 素材的剪輯與修剪 (第 4 章)
	• 替影片加上轉場特效 (第 5 章)
	• 加入濾鏡，營造特殊效果 (第 6 章)
	• 插入音效，豐富影片內容 (第 6 章)
	• 插入標題文字 (第 7 章)
	• 善用覆疊與合成效果，做出專業效果 (第 8 章)

綜合運用	• 相片光碟和縮時攝影的製作 (第 9 章)
	• 行車紀錄影片 (第 10 章)
	• 利用專業範本製作婚禮影片 (第 11 章)
	• 錄製電腦教學影片 (第 12 章)

輸出與分享影片

| 影音快手 (第 13 章) | 存成視訊檔和 光碟 (第 14 章) | 上傳到社群網站 (第 15 章) | 匯出到手機或 平板電腦 (第 16 章) |

「會聲會影 X8 試用版」的下載方式

進入本書各章之前，您需要先取得會聲會影 X8 (VideoStudio X8) 這套軟體。Corel 官網上提供了 30 天的免費試用版，請開啟瀏覽器，並在網址列中輸入 "http://www.corel.com/tw/free-trials/"：

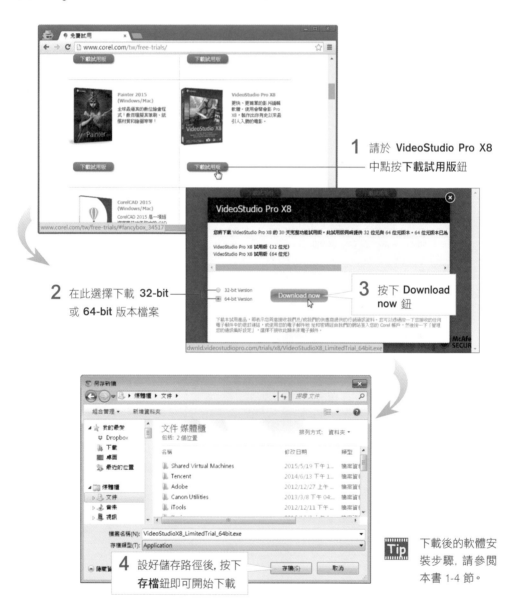

1 請於 VideoStudio Pro X8 中點按下載試用版鈕

2 在此選擇下載 32-bit 或 64-bit 版本檔案

3 按下 Download now 鈕

4 設好儲存路徑後，按下 **存檔** 鈕即可開始下載

Tip 下載後的軟體安裝步驟，請參閱本書 1-4 節。

關於光碟

為了方便您練習與操作, 我們本書
各章的練習素材、成果檔附於光碟中。
請將書附光碟放入光碟機中, 然後如下
操作:

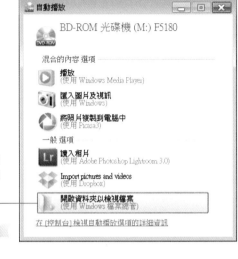

請雙按此項目開
啟光碟中的檔案

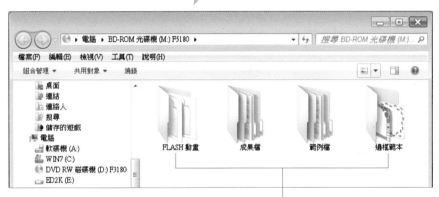

建議您將光碟中的「FLASH 動畫」、「成果檔」、「範例檔」
及「邊框範本」等資料夾, 複製一份到硬碟中以便練習

● **成果檔**:各章剪輯完成的影片, 同樣是依章節存放在所屬資料夾下。要瀏覽成果
　檔, 可用 **Windows Media Player** 或 **KMPlayer** 之類的影片播放軟體來開啟。

● **Flash 動畫及邊框範本**:我們精心設計了 Flash 動畫及邊框影像供您套用, 請
　參考第 8 章的說明套用這些動畫及邊框讓影片更豐富。

● **範例檔**：可供練習本章各範例內容的影片、影像素材，已經依照章節順序存放於對應的資料夾內，例如：第 9 章範例就放置於『**範例檔 ／ Ch09**』資料夾內，您可以依照書中的說明，在會聲會影中插入這些素材來練習。

另外，我們也收錄了各章範例在會聲會影中的專案檔，若您在操作上有不清楚的地方，可以直接開啟這些專案檔來查看我們實際示範的專案內容。**光碟上的會聲會影專案檔無法直接開啟，必須將整個章節的資料夾先複製到硬碟上，開啟專案檔後再重新連結素材位置即可**：

1 先將範例檔中的章節資料夾複製到硬碟上

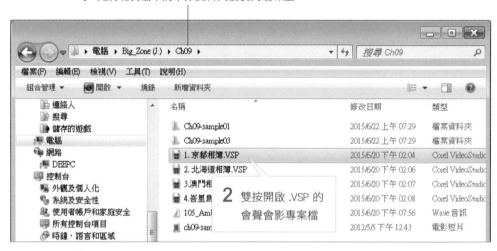

2 雙按開啟 .VSP 的會聲會影專案檔

3 接著會聲會影會跳出**重新連結**視窗

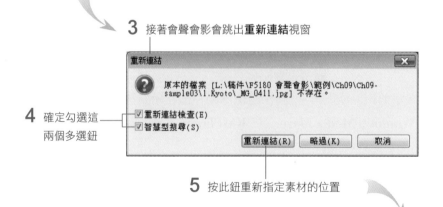

4 確定勾選這兩個多選鈕

5 按此鈕重新指定素材的位置

6 先確認此處要找尋的檔案名稱

7 切換到剛剛複製到硬碟的章節資料夾中，找到相同名稱的檔案

8 按此鈕載入

9 看到這個畫面表示素材都成功連結，您就可以查看專案內容囉！

　　若沒有出現步驟 3 的視窗，請執行『**檔案/重新連結**』命令，後續步驟就照上述說明操作：

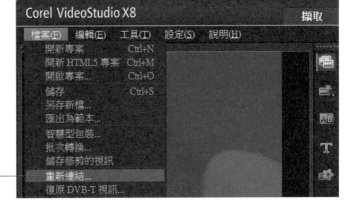

若沒有看到**重新連結**視窗，請執行此命令

目 錄

New ScoreFitter 配樂大師、Triple Scoop Music 專業音樂庫

Chapter 07　靜態、動態文字效果：產品廣宣 CF

Chapter 08　覆疊、合成效果：自拍 MV 微電影

Part 3 綜合應用篇

Chapter 09　縮時攝影與相片光碟：風景旅遊特輯

Chapter 10　行車紀錄影片處理

Chapter 11　套用專業範本：婚禮成長影片

Chapter 12　錄製螢幕畫面製作教學影片

Part 4　輸出分享篇

Chapter 13　影音快手：精華片段速寫

Chapter 14　建立視訊檔和影音光碟

Chapter 15　將影片上傳至 YouTube、Facebook 精彩秀自己

Chapter 16　將影片匯出到 iPad / iPhone / Android 手機等設備

Part 1 素材準備篇

Chapter 01 生活影片剪輯師 —會聲會影 X8

出外旅遊、寶寶的成長日記、甜蜜的結婚典禮、生日派對、畢業典禮、運動會、…等, 這些錯過就不再重來的生活點滴, 是您絕不會錯過的拍攝主題。不過時間一久拍攝的影片愈積愈多, 如果沒有好好保存及整理, 等到想看的時候可能還找不到影片呢!

本書將教你把拍攝好的影片傳到電腦中, 並使用會聲會影編輯影片, 最後將影片上傳到 Facebook、YouTube 或放到 iPad、iPhone 中, 方便與親友分享; 當然, 若您想燒錄成光碟, 方便透過家中影音播放設備觀看, 都可以用會聲會影輕鬆做到!

本章重點:

- 會聲會影能做什麼?
- 各類型的素材來源
- 多樣化的影片剪輯功能
- 安裝會聲會影

1-1 | 會聲會影能做什麼？

越來越多人喜好隨時記錄生活中的片段，若要好好保存這些珍藏的回憶，只要將拍好的照片匯入影片剪輯軟體，利用各項功能快速修剪、美化，一段段生動有趣的影片就完成了。

隨著光學製造技術的進步，以往高不可攀的攝影功能，全數下放到生活中各種 3C 裝置，舉凡：數位相機、數位單眼、智慧手機、行車導航，甚至連眼鏡也被賦予攝影功能，而且拍攝品質還不斷提升，從以往陽春的 VGA 畫面 (640 X 480)，到 DVD、HD、FullHD，近來更達到 4K Ultra HD 的水準，只要信手拈來，我們可以更隨心所欲的紀錄生活中的花絮片段。

不過拍得容易，拍完呢？拍滿了該怎麼處理？亂拍、沒人想看的段落要怎麼刪掉？剪輯好的精彩內容要怎麼跟家人分享？球類比賽、極限運動的美技畫面怎麼重現？公司交辦拍攝宣傳影片，怎麼辦？統統交給「會聲會影」，就是最好的解答！

　　會聲會影是用來處理影片內容、並轉製影片格式的工具軟體，目前已堂堂邁入第 X8 (18) 版，功能也從早期基本的剪輯、燒錄功能，持續進化為支援各種攝影裝置、多媒體影音格式，內建豐富特效、編輯工具，提供完整輸出型式的全方位軟體，甚至連最新的 4k 超高解析 HD 高畫質影音處理、藍光電影、網路影片上傳、2D/3D 影片轉換等功能也都不是問題。這麼說或許還不夠具體，接著我們從各個層面來介紹會聲會影的能耐。

- 生活遊憩：快速整理兒童成長或出外旅遊的影片，拍攝過程略有小失誤，或者要集結成精華片段，都可以利用會聲會影進行修片和剪接。

- 商務場合：舉凡冗長活動的花絮影片速剪交差，到商業廣告的專業後製需求，都可以在會聲會影中，找到適當的工具進行處理。

- 特殊慶典：在婚宴喜慶上播放影片是不可少的，會聲會影提供各種精彩的影音範本，可以幫您在短時間內，完成生動活潑、熱鬧非凡的應景影片。

- 自我展現：有趣的自拍影片、驚艷的素人 MV、球類比賽或極限運動的 Nice Play 回顧，透過會聲會影的美化加工，上傳網站一定可以得到鄉民們的熱烈回應。

　　簡單說，只要有影片處理上的大小問題，找會聲會影準沒錯！而上述這些使用情境，也都可以在本書中找到詳解。

1-2 | 各類型的素材來源

要進行影片的剪輯, 首先請準備好各項素材, 從攝影設備的擷取到各種影片檔、相片檔、圖片、Flash 動畫檔及聲音檔等, 都可當作會聲會影剪輯的素材。

攝影設備

會聲會影幾乎支援各種攝錄影設備, 可以直接從這些裝置上將影片擷取到電腦上, 包括:具備攝影功能的手機、相機、DV/D8/HDV 攝錄影機、視訊擷取卡、類比 / 數位電視擷取裝置、DVD/硬碟/AVCHD 攝錄影機等。

影片素材

無論是使用數位相機、手機拍攝的影片、從網路下載的廣告片、預告片、親友轉寄來的影片…等, 都是影片素材的來源, 這些影片素材, 在會聲會影中稱做**視訊**。

實際支援的格式包括:AVI、MPEG-1、MPEG-2、HDV、AVCHD、MPEG-4、H.264、QuickTime、Windows Media Format、DVR-MS、MOD (JVC MOD 檔案格式)、3GPP 、3GPP2 、M2T 等, 若您不了解這些名詞也沒關係, 只要跟著本書的示範, 同樣可以完成影片剪輯的目的。

影像素材

數位相機拍攝的影像或是在影像處理軟體 (例 Photoshop、PhotoImpact) 中製作的圖檔都可算是影像素材。實際支援的格式包括:BMP、EPS、GIF、JPG、PNG、TIF/TIFF、…, 共計超過 30 種以上。

音訊素材

音樂光碟、MP3 音樂、或是自錄的旁白、…等，都是音訊素材的來源。包括：Dolby Digital Stereo、Dolby Digital 5.1、MP3、MPA、QuickTime、WAV、Windows Media Format，幾乎各種常見音樂、音訊來源都支援，什麼音樂都能匯入。

Flash 動畫

會聲會影支援 Flash 動畫的格式 (*.swf)，所以若是你會製作 Flash 動畫，或是有現成的動畫檔，都可以匯入到會聲會影中使用，讓影片更生動活潑。

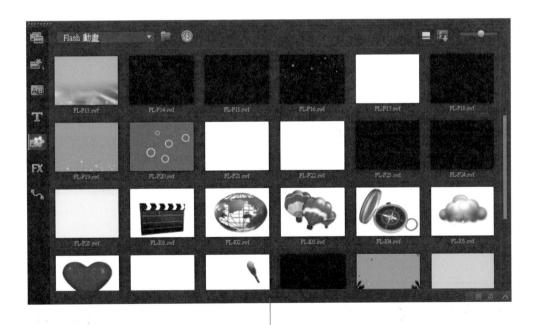

豐富的 Flash 動畫素材，可讓您的影片更多采多姿

1-3 | 多樣化的影片剪輯功能

蒐集好各項素材後, 接下來就可以在會聲會影中進行剪輯, 以下為您大略介紹會聲會影提供哪些好用的剪輯功能。

1. 修剪影片－留下精華片段

當你在拍攝影片時, 難免會拍到路人突然從鏡頭前走過、忘了打開鏡頭蓋拍了一段全黑的影片、…等不想要的畫面, 此時就可以使用會聲會影提供的修剪工具將影片去蕪存菁, 並調整影片的前後順序, 安排整個影片的故事情節。

要保留的片段

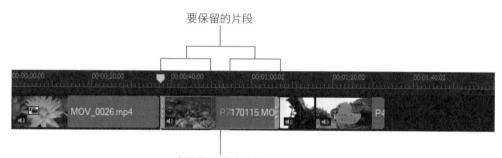

中間是不要的片段

刪除不要的片段,並重新調整影片的排列順序

> **Tip** 各種影片修剪工具的使用, 請參考第 4 章的說明。

2. 為影片加上特效

　　會聲會影內建了多種影片特效，你可以套用這些特效讓影片更富趣味性，也可以使用其中的防手震、自動曝光...等特效，來彌補影片拍攝時的不足。例如套用**亮度和對比度**效果，就可以將原本太暗的影片調亮些。

原影片亮度較暗　　　　　　　　　　套用**亮度和對比度**效度果將影片調亮

　　此外，也可以為影片加上各式各樣的轉場特效，讓不同場景在切換時能夠比較順暢。例如某段影片是拍攝蜜蜂採蜜的過程，接著下一段是拍日落的海灘畫面，二段影片是在不同的地點拍攝，如果接連著播放，畫面會很突兀，加上轉場效果可緩和畫面。

  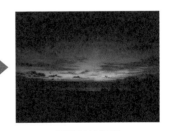

蜜蜂採蜜的過程　　　　使用**擦拭**類別下的**網孔**轉場效　　　日落時的海灘
　　　　　　　　　　　果銜接二段不同場景的影片

 有關影片的特效及轉場特效, 請參考第 5 章、第 6 章的說明。

3. 在影片中加上標題

為了方便日後觀看影片，你可以適時地在影片中加上拍攝日期、時間及當時情形說明等文字註解，字數不用太多，簡明扼要即可。另外你也可以發揮個人創意，套用會聲會影提供的文字動畫功能，在影片開頭製作開場文字 (或在影片結束時製作謝幕文字、拍攝景點、花絮、加上 KTV 字幕)，讓影片更具專業水準。

製作 KTV 字幕

在影片中加上標題文字

Tip　有關標題文字的操作，請參考第 7 章的說明。

4. 覆疊影片

會聲會影的**覆疊**功能就是讓你在影片中再疊上一段影片或影像。疊在上層的影片 (或影像) 會遮蓋下層的影片，通常會搭配一些淡入淡出、從左上到右下、…等特效 (或是設定透明度)，讓疊在上層的影片有些變化，不會完全遮蓋下層的影片。

最常見的覆疊應用就是新聞中的即時連線報導，當主播在播報新聞時，畫面上也會同時以一個小方框播放一段即時連線的影片。另一個常見的例子是跨年晚會的倒數計時，畫面上也會同時出現好幾個來自各地的慶祝影片。

　　另外綜藝節目也經常使用覆疊的手法來強化視覺效果。例如節目一開始的片頭或是進廣告前的預告片段都會在影片的周圍加上華麗的外框、或動畫效果，吸引觀眾的目光。

Tip　詳細的影片覆疊操作，請參考第 8 章的說明。

5. 為影片配上優美的背景音樂及旁白

　　在會聲會影的**時間軸檢視**中提供了二個音訊軌，分別是**語音軌**及**音樂軌**。若是影片中有需要特別說明的部份，你可以在電腦上接上一支麥克風，一邊瀏覽影片一邊錄製旁白說明，所錄製的旁白會自動載入到**語音軌**中；而**音樂軌**則可載入現有的音樂檔做為影片的背景音樂，不論是音樂 CD 中的曲目或是 MP3 歌曲都可做為影片的背景音樂。

　　會聲會影在**音訊**素材庫中提供了多種不同曲風的音訊素材，你可以直接拉曳到**音樂軌**為影片配樂，或者是使用**配樂大師**裡各種不同主題的音樂，讓影片更有聲有色。

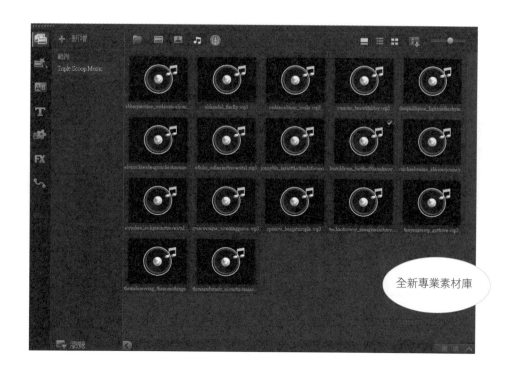

全新專業素材庫

　　若你同時在影片中加入了旁白及配樂，在預覽整個影片時，將會同時播放 3 種音訊，這樣一來反而讓影片變得吵雜，此時，你可以切換到**混音器**模式，個別調整這 3 種音訊的音量。例如影片是在室外拍攝，可能摻雜了人聲、車聲、…等現場音，這時候可將影片本身的音量調小一點，將背景音樂的音量調大一點。

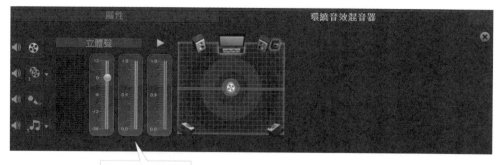

可在此區調整各
音訊軌的音量

1-4 | 安裝會聲會影

會聲會影是一套簡單、容易上手的視訊剪輯軟體, 本書將逐步教你學會聲會影的各項操作, 首先就從安裝會聲會影開始。

系統需求

電腦硬體的等級跟影片的擷取、轉檔時間有直接關係, 電腦等級愈高, 處理影片的時間就愈短。以下是安裝會聲會影的基本硬體需求, 請視自己的電腦設備來決定是否要升級硬體。

	基本配備	建議配備
中央處理器(CPU)	Intel Core Duo 1.83 GHz 以上或 AMD Dual Core 2.0 GHz 以上	Intel Core i5 / i7 或 AMD A8 四核心 CPU 以上
記憶體 (RAM)	2 GB	4 GB 以上, 顯示卡 1G VRAM 更佳
可用硬碟空間 (儲存影片用)	最少空出 15 GB 的空間	至少 100 GB 以上的空間
安裝會聲會影所需的硬碟空間	最少需要空出 1.2 GB 的硬碟空間	
音效卡及顯示卡	與 Windows 相容的音效卡及顯示卡 (最好有 1920 × 1080 以上的解析度)	
作業系統	Windows 7 / 8.1 或更新的版本	

 如果您要編輯 4K 影片, 建議使用四核心 Intel i7 系列 CPU, 搭配 8 GB 以上記憶體與 1TB 以上硬碟空間。

如何查看電腦的等級？

如果你不清楚家中電腦的 CPU 、RAM 等級, 可依以下方式來查看：

1 在**開始**功能表的**電腦**上按右鈕, 並執行『**內容**』命令

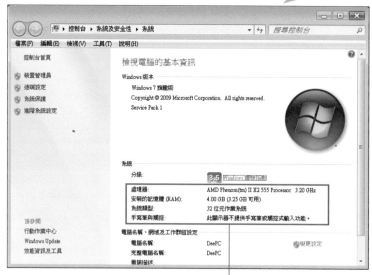

2 由此查看

開始安裝會聲會影

接著我們就要開始安裝會聲會影以便進行影片的擷取、編修等工作。

Tip 無論您使用的是 Windows 8、7、Vista 或 XP 作業系統，接著的安裝步驟和之後會聲會影的介面都一樣，您可以放心跟著操作。

1 請將會聲會影的安裝光碟放入光碟機中，接著會開啟如下畫面，請詳細閱讀授權合約，看完後選擇**我接受授權合約的條款內容**選項，表示接受合約，然後按**下一步**鈕繼續進行安裝工作。

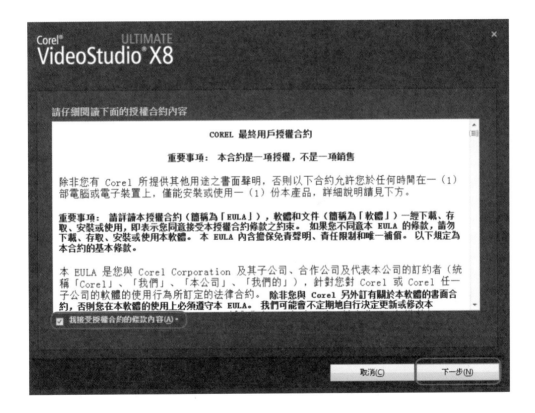

Tip 如果你尚未購買「會聲會影」軟體，可以先上網下載安裝會聲會影 X8 中文 30 天試用版，期滿後滿意再購買正式版本以使用完整功能。

如果安裝過程中出現如下圖的提醒訊息，請點選該訊息後執行**允許被封鎖的內容**，就可順利進行安裝了。

2　輸入您的個人資料及序號 (可在安裝光碟的封套上找到)，然後按**下一步**鈕繼續。

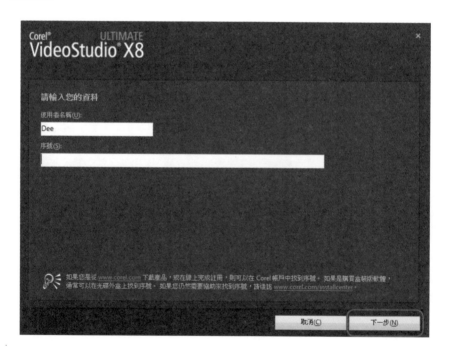

Tip　若安裝的是網路下載的會聲會影試用版, 則不會出現輸入序號的畫面。

3 選擇會聲會影程式的安裝資料夾，建議安裝在預設的資料夾，或按下**變更**鈕自行選擇其他安裝資料夾。再來是讓您選擇視訊標準，你只要選擇**台灣**即可。

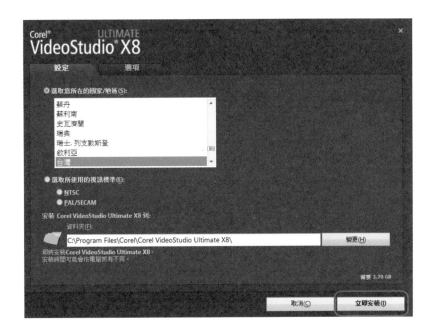

4 除了會聲會影主程式外，安裝過程也會連同一併需要的工具一起安裝，您可以切換到**選項**頁次查看。確認之後請按下**立即安裝**就會開始進行檔案的複製了，會花費不少時間，請稍待片刻。

5 安裝過程會連同 QuickTime 等必要軟體一併安裝，省略您之後手動安裝的步驟。

6 安裝過程需要耗費一些時間，請稍待片刻等候安裝完成。

　　裝好會聲會影後，下一章我們將為你介紹會聲會影的各項功能，目前暫時還不需要開啟軟體進行操作。如果想先一窺會聲會影的介面，你可以執行『**開始 / 所有程式 /Corel VideoStudio Pro X8/Corel VideoStudio Pro X8**』命令來開啟。

Tip 由於將影片擷取 (或儲存) 到電腦中需要佔用許多硬碟空間，建議你先整理一下硬碟中的資料，清出一些空間以便存放影片。且最好進行磁碟重組 (可執行『**開始 / 所有程式 / 附屬應用程式 / 系統工具 / 磁碟重組工具**』命令) 工作，讓硬碟在讀取及寫入影片檔時更有效率。

02 數位相機/手機/DV攝影機與電腦的連接

拍攝影片記錄生活點滴後,當要和親友共賞影片時,得透過 HDMI、AV 端子與電視連接才能播放,實在不是很方便;更何況比較低階的手機、數位相機壓根不具備影像輸出的功能。最好的解決方法,還是將拍攝好的影片傳送到電腦,再去無存菁留下精華片段,事後看是要製作成視訊檔或燒錄成光碟都可以。本章我們先為您介紹將影片傳送到電腦所需要認識的傳輸介面與設備。

本章重點:

● 認識數位相機、手機的傳輸介面

● 認識攝影機的種類與傳輸介面

● 將拍攝裝置連接到電腦

2-1 | 認識數位相機、手機的傳輸介面

我們在第一章有提到，現在拍攝照片、影片的裝置非常普及，您口袋裡的 iPhone、Android 手機或數位相機早都具備了優秀的影片拍攝功能，部份機種更支援錄製 4K UHD 超高畫質的影片，人人都可以輕鬆上手。

目前數位相機、手機多半使用 SD 或 Micro SD 記憶卡來儲存影片檔案。您可以直接取下記憶卡，透過讀卡機連到電腦上。有些手機可能不是用外接記憶卡，而是透過內建硬碟/記憶卡空間來儲存檔案。無論您手邊的是哪一種，這些設備都具備 USB 傳輸介面，只要直接用 USB 傳輸線連接設備與電腦即可 (不用取下記憶卡)。

現在我們來檢查一下電腦主機是否也有對應的介面，請閱讀底下 USB 接頭及讀卡機連接方式的說明。

裝置是外接記憶卡式的使用者─請準備一台讀卡機

要讀取記憶卡中的影片，您必須準備一台讀卡機，並確定有支援手邊設備所使用的記憶卡種類 (SD、Micro SD 卡)。讀卡機一般是採用 USB 介面，部分電腦則會內建讀卡機。

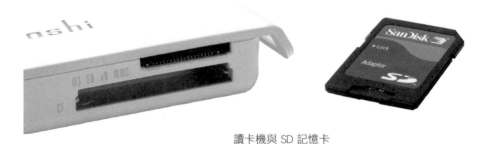

讀卡機與 SD 記憶卡

裝置內建硬碟/記憶卡儲存空間的使用者－
請找到電腦上的 USB 介面

　　USB (Universal Serial Bus) 稱為『通用序列匯流排』或『萬用序列匯流排』，目前的電腦主機都已內建此介面了，你可以在主機的背後 (有些主機是設計在前面的面板) 找到 USB 的插孔。

筆記型電腦上的 USB 插孔, 可用來連接電腦與手機裝置

確認設備端是 Mini USB 或 Micro USB 接頭？

　　將裝置直接與電腦連接的話，需要使用 USB 連接線來連接，通常購買數位相機、手機時都會附贈此連接線，一般來說在設備端常見的是如下圖的 Mini USB 接頭：

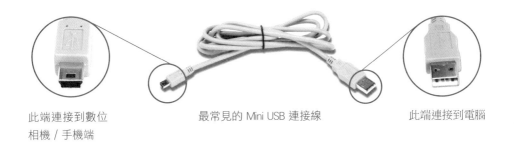

此端連接到數位
相機 / 手機端

最常見的 Mini USB 連接線

此端連接到電腦

除了上述的 Mini USB 連接線外, 現在手機已經全面使用接頭更小的 Micro USB 規格 (接電腦的那一端接頭則一樣), 此時就得使用相對應的 Micro USB 連接線了。同樣地, 購買設備時一般也都會附贈此連接線。

比常見 Mini USB (左圖) 更小的 Micro USB (右圖) 連接線, 在連接前請確認是否拿對線材了

至於熱門的 iPhone、iPad, 其設備端使用的是**蘋果**的特殊規格, 自然就得使用附贈的專屬連接線來操作了。

此端連接到 iPhone 或 iPad 等裝置　　此端連接到電腦　　　　此端連接到 iPhone 或 iPad 等裝置　　此端連接到電腦

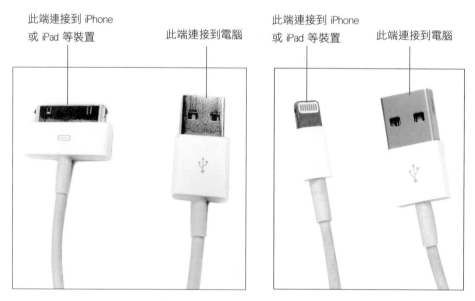

Apple 裝置所使用的傳輸線 (左為舊款, 右為新款)

2-2 | 認識攝影機的種類與傳輸介面

雖然使用攝影機拍攝的人越來越少, 但鑑於 DV 一路發展下來有不同的種類, 不同機種的攝影機要將影片傳到電腦, 所使用的傳輸設備並不同, 我們還是帶您認識不同 機種的傳輸方式。

攝影機種類	儲存媒介	與電腦連接的傳輸介面
硬碟式攝影機	攝影機內建硬碟或使用 Microdrive	USB 介面
記憶卡式攝影機	記憶卡	使用讀卡機讀取
光碟式攝影機(已經少見)	光碟	DVD-ROM
DV 帶式攝影機(已經少見)	DV 帶	IEEE 1394 介面

記憶卡式攝影機

由於記憶卡容量越來越大, 32、64 GB 已很普片, 128 GB 也漸漸成為主流, 加上影片壓縮技術的進步, 高畫質影片檔案大小卻沒有比以前增加太多, 也因此目前數位攝影機幾乎清一色以記憶卡式機種為主。記憶卡都是採用 SD 卡, 存取影片的方式就和前一節相機、手機相同, 這裡就不多說了。

各大賣場、網路商店的數位攝影機都是記憶卡式機種

　　目前新型的數位攝影機紛紛支援 4K 影片錄製，甚至防水、防塵直接拍攝海底影片也不成問題。另外，運動型攝影機也逐漸蔚為風潮，防震、可攜、360 度全景，拍攝出來的第一視角影片，只要利用會聲會影稍加處理，就非常有震撼效果。

硬碟式攝影機

和數位相機、手機使用記憶卡來存放檔案不同，此類攝影機普遍使用內建硬碟作為儲存媒介，強調可拍攝高畫質的 1920 X 1080 Full HD 或 4K UHD 影片，畫面的品質、解析度都非常棒。

主流的硬碟式攝影機

目前硬碟式攝影機容量大約在 120 ~ 500 GB 左右，可儲存至少十多個小時的影片，傳輸介面則是使用最普遍的 USB，相關連接操作都十分容易。不過由於硬碟式攝影機內建儲存空間，使用時請盡量避免過度的震動或碰撞。

光碟式攝影機

以 DVD 燒錄片做為儲存媒體的攝影機，在您拍攝的同時，會將影片即時燒錄到光碟上，拍攝完成就是一張 DVD 影音光碟，可以省去不少麻煩。這類型攝影機剛推出是採用一般 12 公分的 DVD 燒錄片，後來為了縮減體積，廠商則推出採用 8 公分燒錄片的機種，不過如此一來也縮短了一張光碟的儲存時間 (大約只有 30 分鐘)。由於單片光碟儲存時間有限，實際使用時換片頻繁，加上價格不便宜，這些不利因素讓光碟式攝影機慢慢式微。

DV 帶式攝影機

DV 帶是數位攝影機剛發展時所使用的儲存媒體，擁有高容量、不怕震動等優點，這類攝影機採用 IEEE 1394 介面，不僅可用來傳輸影片，也可藉此讓電腦即時進行攝影機的播放控制 (如：播放、迴轉、快轉影片)，影片不用傳到電腦上，就可以快速在電腦上檢視內容。

不過由於 DV 帶必須另外購置，而且原始 DV 影片傳入電腦的容量很大，非常佔空間，處理起來很麻煩，因此早已淡出消費市場，不再多見。

2-3 將拍攝裝置連接到電腦

一切準備就緒後, 就可以將數位相機、手機等與電腦做連接了, 以下我們依設備所用的儲存類型分別說明連接方法。

內建儲存空間的手機 / 攝影機與電腦的連接

只要您手邊的設備是內建硬碟/記憶卡儲存空間的設備 (如 iPhone、iPad、硬碟式攝影機等), 請將傳輸線的一端接到設備的 USB 插孔; 然後將另一端接頭插到電腦上的 USB 插孔, 即可完成連接。

以 iPhone 為例:

將 USB 線的其中一端接到 iPhone

以硬碟式攝影機為例:

將 USB 線的其中一端接到拍攝設備上

將 USB 的另一端接到電腦的 USB 插孔

將拍攝設備與電腦連接後, 開啟裝置電源並切換到**播放**模式 (部份裝置如 Android 手機可能需要切換到**磁碟機**模式), 即可偵測到設備。

在 Windows 桌面的右下角出現找到新硬體圖示, 表示成功偵測到所安裝的設備

記憶卡、讀卡機與電腦的連接

　　一般讀卡機採用 USB 介面，連接方式和前面說明的一樣，只要將讀卡機的 USB 傳輸端子接到電腦上的 USB 埠即可。然後再將記憶卡插入到適當的插槽中。

1 將讀卡機的 USB 接頭連接到電腦的 USB 埠

2 Windows 系統會自動安裝所需程式，並顯示此訊息

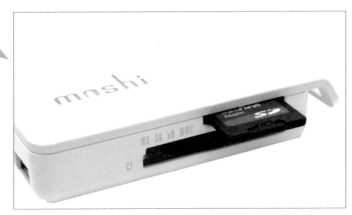

3 確認讀卡機各插槽支援的記憶卡，
然後將記憶卡插入適當的插槽中

> **Tip**　現在很多手機的記憶卡插槽都設計的很隱密，有時甚至必須取下外殼、拔掉電池才能看到記憶卡。若您覺得取得記憶卡的步驟有點麻煩，也可以選擇前面所介紹的，直接透過 USB 連接線將設備與電腦連接，同樣可以取得記憶卡內的檔案。

MEMO

拍好的影片雖然可以直接傳給親友、或上傳到網路上，但想要製作出具可看性的影片，最好刪除拍攝過程中較無趣的片段，因此我們還是要將影片先存到電腦上，才方便處理。會聲會影支援了各式各樣的數位攝影設備，不管您使用的是數位相機、手機、各類型 攝影機，只要幾個簡單的步驟，都可以輕鬆、快速將影片存到電腦上進行編輯、修剪、加特效等後製作業。

本章重點：

● 會聲會影環境介紹

● 匯入數位相機、手機、DV 攝影機記憶卡內的影片

● 將 DVD 影片載入會聲會影

● 匯入硬碟內的影片素材

● 匯入 4K 超高畫質影片

3-1 │ 會聲會影環境介紹

接下來,我們要帶您從頭認識會聲會影完整的編輯環境及各個操作模式。

請執行『**開始/所有程式/Corel VideoStudio Pro X8/Corel VideoStudio Pro X8**』命令,開啟**會聲會影**編輯程式:

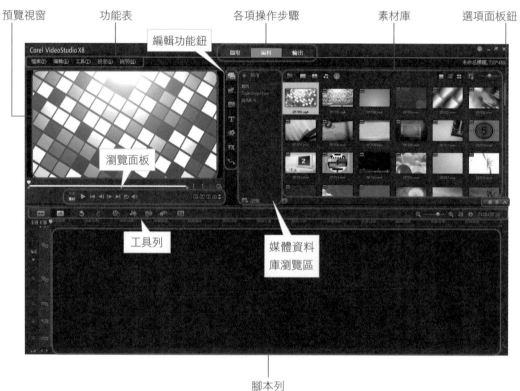

調整會聲會影的版面配置

會聲會影 X8 提供使用者自行拉曳版面配置的功能, 在會聲會影主畫面中, 可以拉曳某一區面板到想要的位置, 讓你自由選擇要以何種介面進行影片剪輯。

1 此處是以**素材庫**來示範, 按住每一區上方的空白處就可以進行拉曳

2 接著就可以拉曳到您想要的位置

> **Tip** 若您不慎弄亂了版面配置, 可以按 F7 鍵還原預設配置的介面。

功能表及各項操作步驟

功能表包含**檔案**、**編輯**、**工具**、**設定**等與專案檔的相關操作, 在功能表右方是剪輯影片時會用到的**擷取**、**編輯**、**輸出** 3 個步驟, 只要由左而右為影片一一完成這 3 個步驟的設定, 就是專案的影音成品了。

步驟名稱	說明	參考章節
擷取	將影片擷取到電腦	第 3 章
編輯	調整影片的播放順序、修剪影片、加特效…等	第 5~12 章
輸出	將影片輸出成視訊檔, 或上傳到網路上	第 13~16 章

編輯功能鈕

當您按下**編輯**功能後, 就可看到各項剪輯時會用到的功能鈕, 包括**媒體、快速範本、轉場、標題、圖形、濾鏡、路徑**…等。當您按下功能鈕後, **選項**面板及**素材庫**面板將會切換為對應的功能頁面, 讓我們進行相關設定。下表為這些功能鈕的說明:

功能鈕	說明
媒體	管理影片、照片、音樂等素材的場所
快速範本	直接套用會聲會影提供的精緻影片範本
轉場	在素材間加入轉場特效, 銜接不同的素材
標題	設定影片的文字標題或註解
圖形	為影片加入 Flash 動畫、外框、圖案
濾鏡	為影片加上不同的變化 (如馬賽克、光影效果)
路徑	可以讓標題和圖形按照您要的方式移動

媒體資料庫瀏覽區

媒體資料庫瀏覽區讓我們可以像在電腦上建立資料夾一樣, 分門別類存放素材, 例如 3-2 頁的圖, 筆者就建立了 "跑馬影片" 資料夾, 專門存放路跑活動的回顧影片, 這樣一來以後要找某類型的影片就方便多了。按下 █ 可以將此區隱藏起來。

Tip 開啟**媒體資料庫瀏覽區**後, 由於素材庫的空間會受到擠壓, 因此本書後續操作會將其先隱藏起來, 需要時再打開即可。

選項面板

按下**選項鈕** 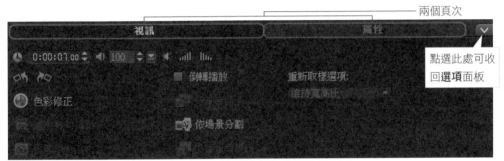 會開啟**選項**面板。**選項**面板會因為目前所在的步驟，或選取素材的不同，而顯示對應的設定內容。在**媒體**、**標題**、**圖形**功能鈕中，**選項**面板又各分為兩個頁次，按下頁次名稱即可切換內容，進行相關設定。按下 ▽ 圖示後，可以將**選項**面板隱藏起來。

兩個頁次

點選此處可收回**選項**面板

按下**媒體**功能鈕, 選定任一素材再按下**選項**鈕, 就會看到 2 個頁次

素材庫

素材庫是儲存和管理影片、照片、轉場、…等素材的場所，除了會聲會影內建的視訊影片、照片、聲音檔、色彩…等，我們也可以將自己拍攝的影片、照片、錄製的聲音等素材一併加到素材庫中，方便日後直接使用。

素材庫

預覽視窗

在擷取影片時，我們可由**預覽視窗**看到影片的內容；在編輯影片時，則可在此預覽**素材庫**、**腳本列**上的素材內容；影片編輯的結果同樣可由此處進行預覽：

開始播放

移至素材或專
案開始的位置

選擇要預覽
專案或素材

標示修剪列的開
始及結束位置

可由時間碼看出
影片的長度，或跳
至特定的畫格

移至上、下
一個畫格

移至素材或專
案結束的位置

不斷重播素
材或專案

調整素材或專
案的播放音量

素材與專案的關係

編輯影片時，我們會在原始影片中加入視訊檔、數位相片、聲音檔、文字等內容，然而實際上並不是真正把所有的檔案儲存在一起，而是以連結的方式，將要加入的檔案資訊記錄在一個特定的檔案中，這個檔案就稱為『**專案**』(*.vsp)。直到編輯完成，將專案檔輸出成視訊檔 (.mpg、mp4) 或光碟 (藍光、DVD) 時，才會將所有的內容包裝在一起，之後將無法進行個別素材的編修。在會聲會影中可將視訊、聲音、影像等檔案放入專案中，我們將可放入會聲會影中的檔案統稱為**素材**，而專案與素材的關係如下圖表示：

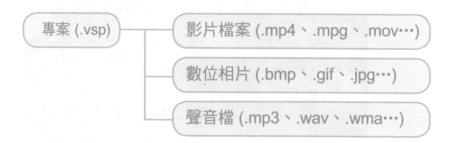

如果編輯的工作還沒完成，或是將影片輸出成檔案或光碟後，希望日後還可以繼續編輯內容，請務必將調整好的專案檔儲存起來。若是沒有儲存專案檔，那麼下次就得重新建立專案檔的內容。

腳本列

腳本列上顯示的素材，就是整個專案要呈現的內容及順序，以拉曳的方式就能調整素材的播放順序。為了因應各種編輯目的，**腳本列**還可分為**腳本檢視**模式及**時間軸檢視**模式，以下分別為你說明。

腳本檢視模式

每一段影片、照片或是色彩素材，都會以個別的圖示表示。當專案的素材數量較多時，最適合以**腳本檢視**模式來編輯，如加入素材、調整順序，為素材套用濾鏡、變更轉場特效等動作：

按下此處可切換至**時間軸檢視**模式

素材播放的時間

> **Tip** 雖然素材檔案也可以直接插入到**腳本列**中，但這樣直接連結檔案很容易造成影片編輯時的負擔，容易當機，建議先匯入**素材庫**再加入到專案中比較好。

時間軸檢視模式

時間軸檢視模式最大的特色，就是將專案檔中的素材分軌顯示，按下 ⬚ 鈕切換至此模式後，可清楚看到每個素材在時間長度、位置上的差異。如果想要精準地調整每個素材的播放時間，就可以切換至此模式來操作：

時間軸的刻度會以 **時：** \
分：秒：畫格 的方式表示

可由此滑桿縮放時間軸的刻度，\
詳細的說明請參考 4-3 節

Ⓐ **視訊軌** 🎞 ：顯示每個素材的播放時間長度、內容及順序

Ⓑ **覆疊軌** 🎞 ：設定與影片同時播放的內容，可以是一段影片、影像，或是泡泡、箭頭等物件，可參考第 8 章的說明

Ⓒ **標題軌** 🇹 ：設定標題、說明文字的播放位置及內容，我們將在第 7 章說明

Ⓓ **語音軌** 🔊 ：為影片加入聲音檔，或錄製旁白做為影片註解，請參考第 6 章

Ⓔ **音樂軌** 🎵 ：為影片加入背景音樂

🎥 同時顯示多個覆疊軌

在預設的情況下，**時間軸檢**視模式只會顯示一個覆疊軌，如果你向下拉曳右側的捲軸，卻發現不只一個覆疊軌，也不用太擔心，那是因為會聲會影 X6 最多支援同時啟用 20 個覆疊軌。按下 ▤ 鈕開啟**軌道管理員**，從中控制覆疊軌的啟用或取消狀態。詳細操作說明請參考第 8 章。

　　這裡我們介紹了會聲會影的主要操作環境，稍後將說明從各設備中匯入影片，並開始編輯影片囉！

3-2 | 匯入數位相機、手機、DV 攝影機記憶卡內的影片

目前舉凡數位相機、手機以及部份 DV 攝影機, 都是使用記憶卡 (以 SD、Micro SD 卡佔最大宗) 來儲存影片、照片。影片在拍攝後就直接儲存成數位檔了, 不需要像以往 DV 帶類型的攝影機, 還要經過繁複的擷取步驟, 我們只要直接將視訊檔匯入會聲會影就可以使用。

另外, 很多手機、DV 攝影機是內建硬碟空間的設計, 有些則是內建空間 + 外接記憶卡雙重儲存空間的設計。無論您的設備是哪一種, 同樣可參考本節的做法來匯入影片。

方法1:使用『從數位媒體匯入』功能匯入影片

1 要載入記憶卡內的影片, 首先請使用傳輸線將數位相機等設備與電腦連接、並開啟設備的電源, 切換到**播放**模式 (有些會稱為 **USB 連接**或**磁碟機模式**)。接著在會聲會影切換到**擷取**步驟, 按下**從數位媒體匯入** 鈕。

Tip 您也可以將儲存影片的記憶卡從設備中拔出, 透過讀卡機與電腦連接。

2 在跳出的**選取匯入來源資料夾**交談窗中，找到**抽取式磁碟**，並勾選其下的 **AVCHD** 資料夾（主要存放影片檔），這就是影片檔的存放路徑。然後按下**確定**鈕。

DCIM 資料夾內則是存放照片檔，您也可以一併勾選，匯入照片做為素材

3 確認路徑無誤後，按下**開始**鈕。

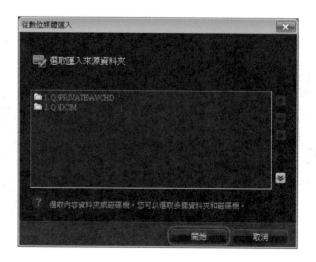

4 接著選擇要匯入哪些片段，只要勾選影片左上角的 ☑ 多選鈕即可 (您也可以點選畫面上方的 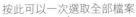 一次選取所有片段)。完成後按下**開始匯入**鈕。

按此可以一次選取全部檔案

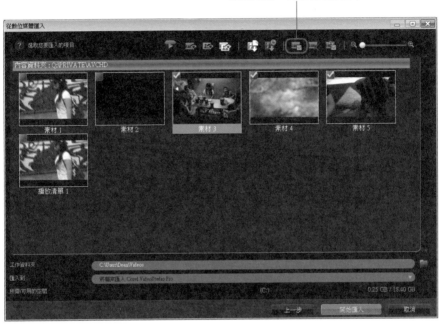

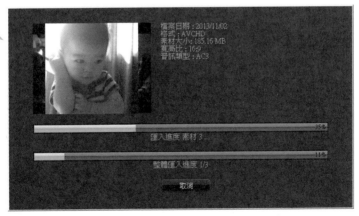

正在匯入中, 請稍等片刻

5 匯入後除了會幫您將素材插入**素材庫**外，預設還會插入**時間軸**，您可依需求改變這些設定。只要勾選**套用此設定，以後不要再問我**，以後就會直接匯入, 不再詢問。完成後按**確定**鈕即可。

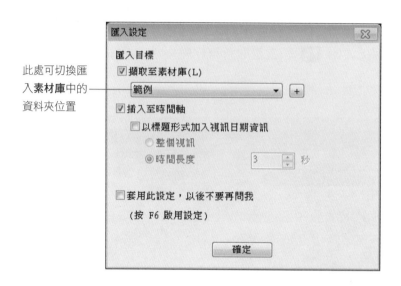

此處可切換匯
入**素材庫**中的
資料夾位置

6 匯入後的影片會存放在**素材庫**中的**範例**資料夾，同時會複製一份檔案到硬
碟內，預設是存放在 "C:\User\(使用者名稱)\Videos" 路徑下，以匯入日
期命名而成的資料夾 (如 "2015-05-12") 裡頭。接著你可以切換到**編輯**
步驟，將影片拉曳到**腳本列**進行各項編輯。

2 為了方便管理，建議您可以按下**新增資料夾**鈕建立一個
新資料夾，並取個容易辨識的名稱，如此處的 "週歲party"

1 匯入的影片
會存放在素
材庫的**範例**
資料夾中

3 選取所要的影片，"拉曳" 到新資料夾中

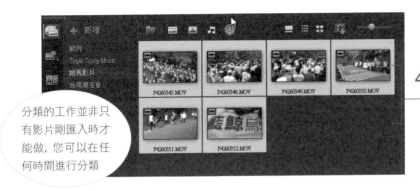

分類的工作並非只有影片剛匯入時才能做,您可以在任何時間進行分類

4 分類存放影片,日後找尋素材會更加方便

前面提到,匯入時會聲會影會複製一份檔案到工作資料夾裡,因此您可以視需要決定要不要保留最原始拍攝的影片檔。如果您的硬碟容量很充裕,在設備與電腦連接後,你可以像平常複製檔案一樣,將設備中的影片複製一份到電腦裡備份。

方法2:使用『從行動裝置匯入』功能匯入影片

會聲會影針對影片匯入還提供了第 2 個方法,也就是透過**從行動裝置匯入**功能。相較於前面介紹的方法,優點是我們不用再手動指定資料夾,只要直接點選偵測到的記憶卡即可檢視影片內容,並匯入會聲會影中。

1 請如下操作,開啟**從行動裝置匯入**功能。

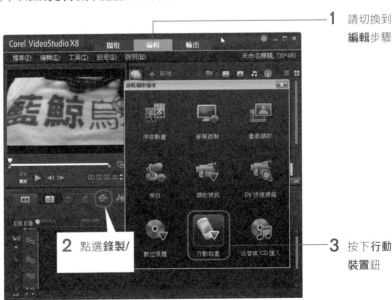

1 請切換到**編輯**步驟

2 點選**錄製/**

3 按下**行動裝置**鈕

2 接著就可以挑選要匯入到會聲會影的影片。

有偵測到卸除式磁碟，並找到影片、照片等素材

2 挑選要匯入的影片

1 選取偵測到的記憶卡裝置

按此可播放選取的影片

在此按一下，會出現修剪控點，拉曳修剪控點可以修剪影片內容，不過不建議在此進行，速度會比較慢

3 按下**確定**鈕就可以進行匯入，後續步驟和前面介紹的一樣，就不多贅述了

 雖然**從行動裝置匯入**功能很方便，不過經筆者測試多部機種，在此功能下，有時候會聲會影認不得部份影片格式，無法進行匯入，此時您只要改使用 從數位媒體匯入 功能來匯入即可。

iPhone、iPad、Android 手機拍攝的影片要如何匯入會聲會影？

如果您使用前面介紹的**從數位媒體匯入**、**從行動裝置匯入**等功能，想要匯入 iPhone、Android 手機或 iPad 所拍攝的影片時，可能會跟筆者一樣，發現會聲會影怎麼找不到這些行動裝置內的影片資料夾？沒關係，我們可以利用別的方法將影片匯入會聲會影。

Next

1　將 iPhone 或 Android 手機與電腦連接後, 會出現如下畫面, 請依以下步驟先將影片複製到電腦上。

1 點選此項, 進入 iPhone的影片資料夾內

若沒有**自動播放**交談窗, 請自行開啟**電腦**資料夾, 在**可攜式裝置**區塊會看到您的手機型號, 點選圖示進入

2 繼續雙按進入

3 看到 iPhone 內的影片、照片檔後, 請選取您要的部份, 將其複製到電腦硬碟內

2　將檔案複製到硬碟後, 就可以參考 3-4 節**匯入硬碟內的影片素材**的說明, 將影片匯入到會聲會影內了。

3-3 │ 將 DVD 影片載入會聲會影

很多人喜歡將拍攝好的影片燒錄成 DVD 影音光碟, 方便在電視上觀看。您可以將之前燒錄好的影片, 再次載入到會聲會影中做利用。另外, 有部份 DV 是以 DVD 做為儲存媒體, 也可以透過本節的介紹, 將光碟內的影片存到電腦上。

1 請將先前燒錄好的 DVD 光碟置入光碟機中, 接著請在會聲會影編輯程式中, 再次選擇 從數位媒體匯入 匯入影片。

2 接著點選**選取匯入來源資料夾**。

3 接著在**選取匯入來源資料夾**視窗中, 請勾選 DVD 光碟所在的磁碟機代號, 然後按下**確定**鈕。

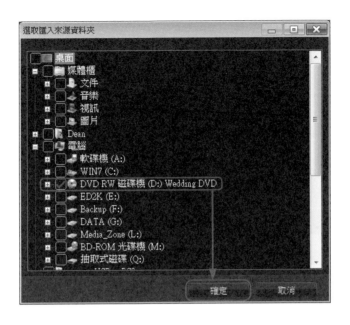

4 　確定無誤後按下**開始**鈕就會開始分析DVD 光碟的內容。稍待片刻分析
　　完畢, 您就可選擇要載入到會聲會影的影片段落。您可以雙按影片進行
　　預覽, 篩選出要匯入的影片。決定好後請勾選影片左上角的多選鈕, 選擇
　　完畢請按下**開始匯入**鈕。

5 接著就會在**素材區**看到匯入的影片了。

如何匯入市售的 DVD 影音光碟？

除了匯入自行燒錄的 DVD 外, 或許您也會想匯入市售的 DVD 影音光碟, 讓自拍的影片和電影片段整合在一起, 但要注意以下 2 點：

● 保護機制：一般市售影音光碟多半有保護機制, 會聲會影無法直接複製、匯入, 可能要藉助 AnyDVD 等工具程式的幫忙。

● 注意版權爭議：市售 DVD 影音光碟受智慧財產權保護, 原則上您可以合法備份, 但並不能重製、修改。

3-4 | 匯入硬碟內的影片素材

視訊影片除了可由拍攝設備取得外，還可以利用匯入功能將其他現成的影片檔或是從網路下載的影片匯入進來。

要將現成的影片素材匯入到會聲會影中，有以下幾種方法：

● 方法 1：執行『**檔案/將媒體檔案插入時間軸/插入視訊**』命令。

● 方法 2：在**編輯**步驟下，按下**媒體**功能鈕 ，選擇您要匯到哪個資料夾，接著按**匯入媒體檔案**鈕 即可。

按此鈕選擇要匯入的影片

● 方法 3：當你切換到**腳本檢視**模式的**腳本列**或**時間軸檢視**模式的**視訊軌**時，在其空白處按右鈕，執行『**插入視訊**』命令也可插入視訊。

在**腳本檢視**模式下的**腳本列**插入視訊　　在**時間軸檢視**模式下的**視訊軌**插入視訊

使用上述的任何一種方法，都會自動跳出**開啟視訊檔**或**瀏覽媒體檔案**交談窗，讓你選擇檔案的來源。

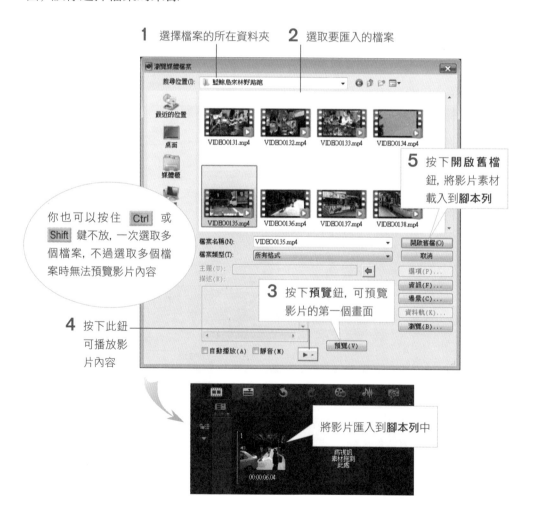

3-5 │ 匯入 4K 超高畫質影片

影音畫質沒有最好，只有更好！前幾年 FullHD 高畫質影片才蔚為風潮，沒幾年現在已是 4K UltraHD 的天下，若您擁有這麼高檔的設備，一定要好好利用來拍攝精緻的影片內容。

旁邊文字：旗艦等級的智慧型手機就可以拍攝 4K 影片

4K UltraHD 是目前頂尖的影音規格，近期旗艦等級的手機、相機、攝影機都可以拍攝 4K 影片，若您正好有幸擁有這樣高水準的設備，可以將拍攝好的影片匯入會聲會影 X8 中處理。

4K 影片的匯入和之前介紹的步驟都一樣：

Tip 本書光碟有附 4K 影片檔，請從**範例檔**資料夾匯入。詳閱**關於光碟**之說明。

1 選擇從**行動裝置**匯入

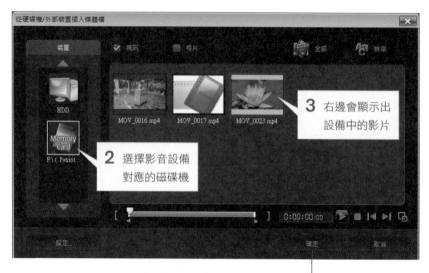

3 右邊會顯示出
設備中的影片

2 選擇影音設備
對應的磁碟機

4 選擇影片後按下此鈕即可匯入到會聲會影

　　匯入之後的 4K 影片，處理上和一般素材完全一樣，不過您可以從素材
的內容視窗中，確認是 4K 畫質：

　　會聲會影雖然可以處理 4K 影片，但也要您的電腦硬體配備夠力才行，
不然光播放影片可能就會導致系統當機連連，而且 4K 高畫質影片很佔空間，
1 分鐘影片就要 4、500 MB 左右，備妥一顆超大容量 (1TB 以上) 的硬碟
也是不可或缺的。

Chapter

04 素材的剪輯與 播放速度: 活動花絮紀錄

我們常常會在舉辦活動時, 架一台攝影機來拍攝整個活動過程, 不過很多活動的內容大部分時間都很無聊, 往往只有剪綵、頒獎等某幾個時刻比較值得留念, 很少有人會想從頭看到尾, 倒不如將無趣的片段都剪掉, 再將這些精采片段一一串起, 才能讓影片內容高潮迭起, 這也是影片剪輯的大原則。

本章重點:

- 分割與修剪視訊
- 利用多重修剪工具, 一次剪出多個精彩片段
- 調整素材的播放時間
- 調整素材的方向及明暗色偏
- 預覽影片剪輯結果

4-1 | 分割與修剪視訊

本章我們將以一個活動的花絮影片做為示範, 說明如何利用會聲會影 X8 來剪輯素材或調整播放屬性。

　　將視訊素材匯入到**腳本**列後, 接著就可以著手剪輯影片。剪輯的方式大致可分為:分割影片和修剪影片兩種。

● **分割影片**:有時候影片一次拍攝太長, 常會混入多個不同場合的片段, 這時候最好能依照不同場景分割成不同的片段。這樣不但方便管理影片, 也可以很輕易在會聲會影中, 針對不同主題影片做不同的處理, 例如:加上不同的字幕、特效…等。

例如用 DV 擷取一段影片

場景 1　　　　場景 2　　　　場景 3　　　　場景 4

● **修剪影片**：現在拍攝影片實在太方便，只要設備的容量沒滿，很多人一按錄影鈕後，就一鏡到底拍個不停，結果拍完後，往往連試拍、隨便拍的片段都入鏡，在剪輯影片時，這些內容當然沒必要保存，或者有其他比較不重要的內容，都可以在會聲會影中進行刪減。

不要的片段　保留的片段　不要的片段

只留下這一段

分割影片

　　請先在**素材庫**或**腳本列**中點選要分割的影片段落（本範例為 Ch04-sample01），在**預覽視窗**中將**即時預覽滑桿** 移到要分割的位置，然後按下 鈕，即可將影片分割成兩段。

2 按下此鈕

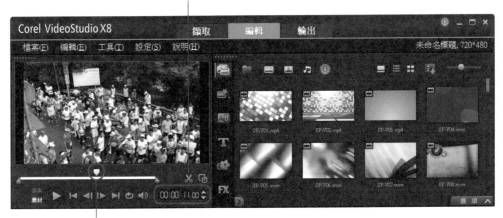

1 移到要分割的地方，以此範例我們要在 00:00:11.00 這個畫格將影片分成兩段

接著就會在影片原先的位置 (**腳本**列或**素材**庫), 看到兩段分割好的影片素材:

影片分割成兩段了

修剪影片

修剪影片有兩種操作方式, 可以在**預覽**視窗拉曳控點來決定修剪範圍, 也可以比較直覺的拉曳腳本列中的影片長度。

利用預覽視窗的「修剪列」修剪影片

要修剪影片長度最直覺、方便的做法, 就是在**編輯**步驟下利用修剪列來調整, **修剪列**上的白色長條就是代表影片的長度, 你可以拉曳左右二端的修剪控點來改變影片的開始與結束位置。

首先選取要修剪的影片, 然後拉曳**修剪列**兩端的修剪控點, 移動到想要開始與結束的地方。

只保留這部分的內容

2 拉曳此控點調整影片的結束位置

1 拉曳此控點調整影片的開始位置

在拉曳控點時, 時間碼也會跟著變化, 你可以參考時間碼來微調, 或是直接輸入指定的時間來修剪影片修剪好之後，請按下**預覽視窗**下的**素材**鈕，再按下 ▶ 鈕，即可觀看修剪後的影片。

另外，你也可以移動**即時預覽滑桿**，到要保留影片的開始點，按一下 [鈕標記開始的時間，然後再到影片要結束的地方，按一下] 鈕，標記影片的結束時間，以修剪影片。

若是後悔剛才所做的修剪，只要將修剪列兩端的修剪控點拉曳到最旁邊，即可還原成影片原來的長度。

影片原來的長度

將兩邊的修剪控點拉曳到兩端，即可還原

利用「時間軸檢視」模式來修剪影片

要修剪影片的長度，也可以在**時間軸檢視**模式中進行，方法是在**視訊軌**中，將影片左右兩端的黃色控點拉曳到想要的位置即可。

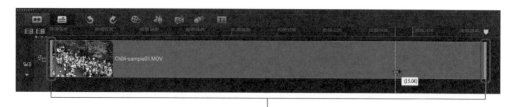

拉曳這兩段的黃色控點即可改變影片的長度,拉曳時你可觀看**預覽**視窗 (或是時間軸刻度) 來調整

儲存修剪後的素材

　　前述示範分割或修剪影片的步驟, 只對腳本列中的素材有效, 並不會套用到實際的影片檔案, 因此原來的視訊檔案大小並沒有改變。如果確定要保留分割或修剪過的結果, 可以在**腳本**列選取影片後, 執行『**檔案/儲存修剪的視訊**』命令, 將分割或修剪好的影片, 另外存成一個視訊檔案, 至於原本的視訊檔如果確定用不到, 可以直接刪掉, 這樣就不會佔用硬碟空間。

儲存修剪後的結果

4-2 | 利用多重修剪工具，一次剪出多個精彩片段

如果一個視訊檔中有幾段要保留、幾段要刪除，一段一段處理顯得太沒效率，這時候可以利用會聲會影的多重修剪工具，操作會簡便得多。

在拍攝影片時難免會拍到一些不需要保留的畫面 (像是有路人從鏡頭前走過或是拍出模糊、晃動的影片)，除了前面所教的修剪方法外，你還可以使用多重修剪視訊功能，把要保留下來的影片逐一做記號 (也可以標記要刪除的片段)，一次完成影片的修剪工作，請看以下的示意圖。

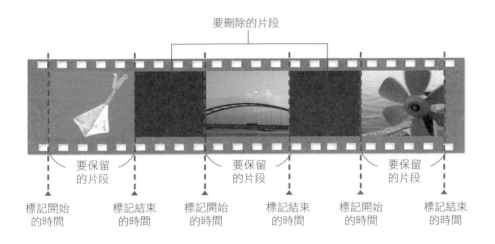

我們用另一段 Ch04-sample02 的影片來示範。請將影片拉曳到**腳本列**中，選取影片後按**選項**鈕開啟**選項**面板，再按下其中的**多重修剪視訊**鈕。在這個範例中，我們只要保留兩段影片，請拉曳**即時預覽列**到要修剪的地方，然後按一下 F3 鍵**標記開始時間**，然後再拉曳**即時預覽列**上的滑動桿到要結束的地方，按一下 F4 鍵**標記結束時間**，所標記的這段期間就是我們要保留的片段，標記好的影片會放在最下方的窗格，並以縮圖顯示：

1 在**編輯**步驟下, 按下**媒體**功能鈕

2 按下**多重修剪視訊**鈕

可在此瀏覽影片內容

移動**即時預覽**列到要開始修剪的地方, 按下 F3 鍵

4 橘色的標記表示剛
才設定的開始時間

5 拉曳**即時預覽**列到結束
的時間點, 按下 F4 鍵

可按下這二個按鈕
來微調時間或畫格

這個區段表示
要保留的部份

要保留的影片
會顯示在此

你可以按住此鈕, 向右 (快
轉影片) 或向左 (將影片倒
帶) 拉曳, 來搜尋影片內容

重複剛才的操作，將其它想保留的片段也標示起來。

再保留這段影片

標示完成後請按下**確定**鈕，回到**編輯**步驟後，即可在**腳本**列看到 Ch04-sample02 被修剪成兩個片段。

4-3 | 調整素材的播放時間

在觀看影片時,遇到沉悶的演說、無聊的氣氛,觀眾都巴不得能將進行快轉。其實我們可以在編輯影片時,針對個別素材來調整其播放速度,例如讓精彩畫面以慢動作播放,或是把冗長談話變成快速播放,製造有趣的效果。

　　經過前面的影片修剪後, 在**腳本**列中已有多段影片, 在會聲會影中, 每段影片、靜態照片的播放時間、速度, 都可以隨心所欲進行調整, 例如：活動冗長的進場片段可以加速播放、頒獎的瞬間可以慢動作播放等, 甚至還能加上倒轉重播效果。

　　請先將 Ch04-sample03 ～ Ch04-sample06 等 4 段影片依序拉曳到**腳本**列中, 再依照以下說明操作。

調整單一影片的播放速度

　　會聲會影可以控制每一段影片的播放速度, 讓您輕易控制整體播放的節奏, 也可以營造意想不到的效果喔！

2 開啟選項面板

3 按下**速度/縮時攝影**鈕

1 點選 Ch04-sample03

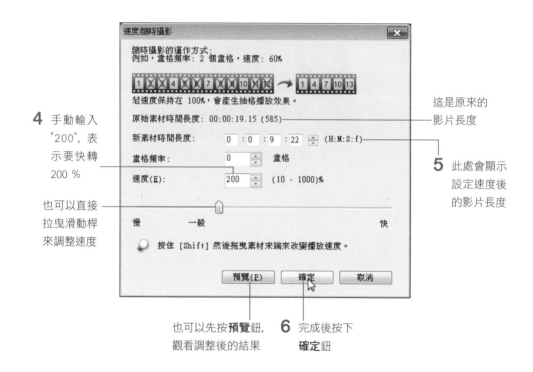

4 手動輸入 "200", 表示要快轉 200 %

也可以直接拉曳滑動桿來調整速度

這是原來的影片長度

5 此處會顯示設定速度後的影片長度

也可以先按**預覽**鈕, 觀看調整後的結果

6 完成後按下 **確定**鈕

> **Tip** 此處我們先說明一般控制影片速度的操作, 關於縮時攝影的說明請參考第 9 章。

　　調整後若是想將播放速度還原, 請再次開啟**速度/縮時攝影**交談窗, 將速度調整至 100 就行了。此外, 無論你將影片的速度調快或調慢, 影片的聲音都可能變得很奇怪, 甚至很詭異, 如果想要製造特殊的氣氛, 當然可以保持原狀。不然會建議參考第 6 章的說明, 幫影片配上好聽的音樂。

直接在視訊軌上調整播放速度

　　除了利用**速度 / 縮時攝影**視窗來調整播放速度, 您也可以更直覺在**時間軸檢視**模式下, 直接在**視訊**軌上調整影片的播放速度。接著請參考以下步驟, 將 Ch04-sample04 的播放速度調慢為 50 %：

1 切換到**時間軸檢視**模式　　　　　　　　　**2** 按住鍵盤的 Shift 鍵，這時會看到控制點變成白色

3 將控制點移到 Ch04-sample04 片段的右邊，然後往右移動

4 畫面上會顯示調整後的播放速度，移到 50 % 時放開即可

　　放開控制點，會發現影片長度增加為原來的 2 倍，表示成功將播放速度調慢 50 %；如果您是要加快影片的播放，則要將控制點往左移動。

好用的「局部」變速功能

　　在一段影片中，我們可能只想變更某部份時段的影片速度，例如在精彩的地方特別放慢速度來強調，其他部份則維持一般速度，此時可改用變速功能來處理。接著我們以 Ch04-sample05 來進行示範：

1 點選想要變速的素材 Ch04-sample05

4 按下此鈕, 建立　　　**3** 在這裡筆者是想要讓影片後半段慢速
一個錨點　　　　　　　　播放, 因此首先將滑桿移至中間

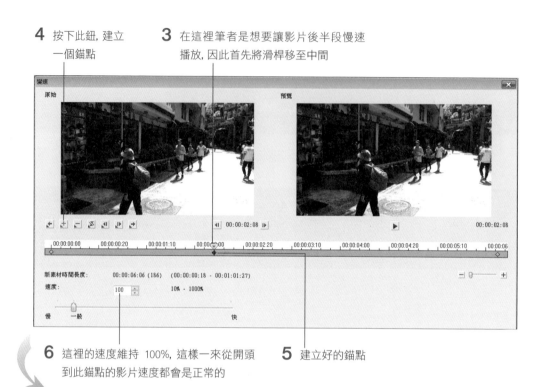

6 這裡的速度維持 100%, 這樣一來從開頭　　**5** 建立好的錨點
到此錨點的影片速度都會是正常的

按此鈕可以即時
預覽變速的結果

這一段的影片速度就會　　**7** 接著使用同樣
變慢 (從正常的 100% 逐　　　的步驟在此再
步變慢至 50%)　　　　　　建立一個錨點

8 速度改為 50%　　　　　　　　　　**9** 最後點選**確定**鈕即可

變速功能的速度控制會循序漸進變換播放速度，影片在播放時比較不會讓觀眾有節奏忽快或忽慢的感覺，不過也因此不太容易一次就設定到位，錨點可能要多設定幾次才能達到您想要的效果。

影片倒轉的重播效果

除了控制播放速度的快慢，您還可以讓影片倒著播，可用於現實中較難發生的移動效果，例如：瀑布逆流、倒著騎車 / 跑步等。我們以一段瀑布的影片為例，請開啟範例檔案 ch04-sample06 來進行以下的有趣設定。

2 切換到**視訊**頁次　　**3** 勾選**倒轉播放**

1 請點選**腳本**列中的影片

設定完成，再按下**播放**鈕就可以看到設定的結果了。另外也可以利用前面介紹的調整播放速度的技巧，將影片的速度調快，再加上倒轉播放的效果，就會形成瀑布逆天而流的有趣現象了。

4-4 | 調整素材的方向及明暗色偏

匯入的素材如果拍攝效果不佳, 或是直拍影片變成橫著播, 都可以在會聲會影中進行補救。

將直拍的影片或相片轉正

現在很多人習慣用手機拍攝影片, 但是將手機拍攝的影片匯入電腦後, 常會發生直拍影片橫著播、橫拍影片卻直式的狀況, 要歪著頭看實在很不方便。接著我們將一段橫拍變直式的影片 Ch04-sample07 加入**腳本**列中, 利用會聲會影轉正。

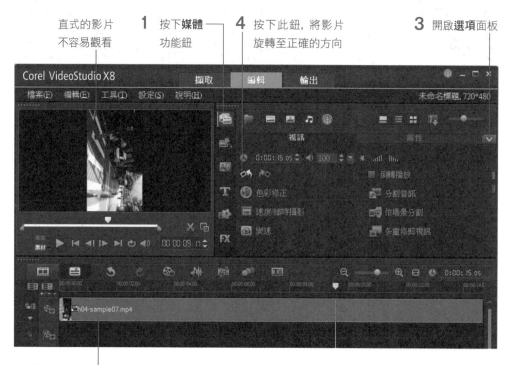

直式的影片
不容易觀看

1 按下**媒體**
功能鈕

4 按下此鈕, 將影片
旋轉至正確的方向

3 開啟**選項**面板

2 選取影片 Ch04-sample07

Tip 如果發現影片轉正後的畫面太小，可能需要調整**重新取樣選項**的設定，可以改選**維持寬高比 (無寬螢幕)** 試試。

Tip 若是匯入的相片也有類似的狀況，可以相同的操作方式來解決。

調整明暗

　　在室內拍攝影片時，常會遇到光線不足的問題，影片顯得昏昏暗暗，播不到 10 分鐘，觀眾就睡成一片了。場景換到陽光很強的戶外拍攝時，光線又太強，根本認不出來誰是誰，真是會讓觀眾看得一頭霧水。

　　雖然在拍攝影片時，拍攝者可利用設備內建的功能來調整適當光線，但是如果您的設備沒有調整的功能，或是在拍攝時沒有多加留意，導致拍攝出來的影片太暗或太亮，現在都可以透過會聲會影來做修正。以 ch04-sample08 來說，影片是在樹林內拍攝的，由於光線不足略顯昏暗，我們來試著調整看看：

1 將影片加入腳**本列**後，再按下**色彩修正**鈕

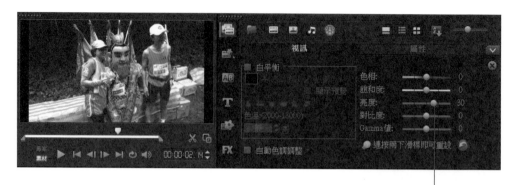

2 向右拉曳**亮度調整桿**,調亮一些

以此例來說,我們想要讓影片亮一點,因此將亮度的調整桿往右拉曳,約 30 的位置 (數值呈正數),影片就會變亮了。如果要重新設定某個調整項目,請雙按調整項目的調整鈕;當你調整了多個項目,想還原到全部未調整的狀態時,可按下重設 🔘 鈕。調整好之後,請按下 ❎ 鈕將**色彩修正**面板收合。

如果覺得一個項目一個項目慢慢調整很麻煩,也可以試試自動調整功能,讓會聲會影自行修正明暗、色偏的狀況:

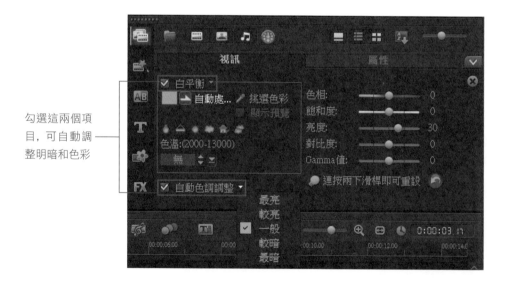

勾選這兩個項目,可自動調整明暗和色彩

> **Tip** 會聲會影的特效濾鏡中,也有不少可以改善素材拍攝不佳的狀況,可以參考第 6 章的說明,熟悉濾鏡的使用。

4-5 預覽影片剪輯結果

進行到此，相信你一定很想看看自己的半成品是什麼模樣吧！這一節我們就要說明如何預覽整個剪輯的結果。

預覽素材

如果要預覽素材，像是看看加上濾鏡的效果、預覽**素材**庫裡的視訊檔案...等，可先點選該素材，再由**預覽**視窗的控制面板中按下播放素材鈕：

按下此鈕即
可開始播放

目前播放
的是素材

移至影片的開頭　　移至影片的結尾

移至上、下
一個畫格

讓影片不斷重播

調整影片音量

預覽整個專案

在**腳本**列編輯告一個段落，不管是想看看成果，或是想看看調整影片長度後的內容，都可以先選擇 　 鈕前的專案，再進行播放，就能看到整部影片的樣子了：

也可以拉曳此鈕
到想要播放的位
置,再開始播放

目前播放的模式
是**專案**

如果每調整一個小地方,就要讓專案從頭播放,那就太沒有效率了。我們可以先切換到**時間軸檢視**模式,在**預覽**視窗上選擇**專案**,再將時間刻度上的播放指標拉曳到要播放的位置,即可由想要預覽的地方開始播放,就不用每次都重頭播放了。

2 直接按下**預覽**窗格的播放鈕　　**1** 拉曳時間刻度上的播放指標

> **Tip** 調整影片的時間長度後,只能以**專案**的方式來預覽;若是以**素材**方式播放,將無法看出調整的結果。

全螢幕預覽

覺得在**預覽**視窗播放影片還不過癮嗎?那就放大播放範圍,將更接近完成後在播放程式或電視上播放的結果。請如下操作:

按下**放大**鈕, 擴大播放的範圍

同樣可選擇要播放**素材**或是**專案**

轉場特效就是以特殊效果銜接腳本列中不同的影片素
材, 可以加強影片的連續感、讓播放時各素材的切換不
會顯得突兀, 時常用在故事時空突然改變的情節上。

本章重點：

- 替影片加入轉場特效

- 變更及刪除轉場特效

- 調整轉場特效的播放長度及屬性

- 自動替影片加入轉場特效

5-1 | 加入轉場特效

會聲會影提供 130 多種轉場特效, 每種特效還可以再微調不同效果, 組合起來千變萬化, 絕對會讓您的影片內容專業、生動許多。

個人的影片剪輯常會混雜許多不同的主題, 影片和影片之間若沒有適當的停頓或銜接, 前一段還在上山下海、玩雲霄飛車, 下一段卻是溫馨和樂的家庭聚會、燭光晚餐, 觀眾們的心情很難調適, 難免會有錯愕之感, 也顯得影片處理不夠專業。如果難以避免這種不同場景的影片交錯, 善用轉場效果, 就是最好、最快的解決方法了!

轉場是在影片和影片切換之間, 透過各種視覺效果, 明確告知觀眾接下來場景要轉變了, 稍作停頓讓觀眾有個心理準備。另一方面, 目前的轉場特效越來越酷炫, 善加利用保證讓觀眾有耳目一新的感受。

加入轉場特效

請在**腳本檢視**模式中, 加入範例檔 Ch05-sample01～Ch05-sample04, 這 4 段影片素材分別在不同地點拍攝, 為了讓播放時能夠銜接順暢, 我們要在這 4 段影片素材之間分別加入轉場特效。

———— 加入 4 段影片素材

1. 請在**編輯**步驟中, 按下**轉場**功能鈕 ⒶⒷ, 此時**素材庫**會自動切換到**轉場**類別, 你可以由動態縮圖預覽特效結果。當你選擇其中一種特效也會自動在**預覽視窗**播放。

點選某個特效之後, 會自
動在預覽視窗中播放

1 切換至**編**
輯步驟

拉下列示窗, 可切換到
不同類別的轉場特效

拉曳滑桿可調整
特效縮圖的大小

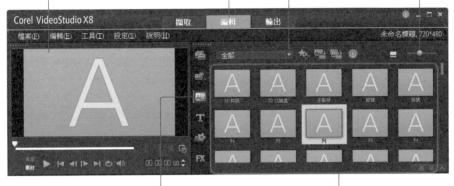

2 按下**轉場**功能鈕

可由這裡的動態縮圖預覽特效

> **Tip** 特效縮圖中的 A 跟 B, 分別表示前一個場景與後一個場景, 方便你對照套用特效的結果。

按下**轉場**功能鈕後, 你可在**腳本檢視**模式中看到影片與影片之間多了一個
方塊, 這個方塊的作用就是用來擺放轉場特效。請從**素材庫**中選取一個喜
歡的特效縮圖 (這裡選擇**對開門**特效), 拉曳到 2 段影片之間放開滑鼠,
即可加入轉場特效。

按住縮圖不放, 拉曳到兩段影片之間

> **Tip** 在**時間軸檢視**模式下要加入轉場特效, 同樣也是將特效縮圖直接拉曳到 2 段影片之間
> 即可。

3 加入轉場特效後，你可以選取**腳本**列的特效縮圖，然後按下 ▶ 鈕，觀看影片加上轉場特效的樣子：

2 按下此鈕　　**3** 觀看影片加上轉場的結果

1 選取特效縮圖

4 接著再選擇其他轉場特效, 分別加到第 2、3 段以及第 3、4 段影片之間

5-2 變更及刪除轉場特效

素材庫中提供了琳瑯滿目的轉場特效，你可以一直變更、刪除，多試幾種不同的特效，直到滿意為止。

更換轉場特效

要更換轉場特效，只要重新挑選一個特效，直接拉曳到舊的特效縮圖上，即可換成新的特效。

將選取的特效拉曳到原來的
特效上，即可更換成新的特效

刪除轉場特效

若要刪除轉場特效, 只要在**腳本檢視模式** (或**時間軸檢視**模式) 下, 選取特效縮圖按下 Delete 鍵, 或是在縮圖上按右鈕, 執行『**刪除**』命令即可。

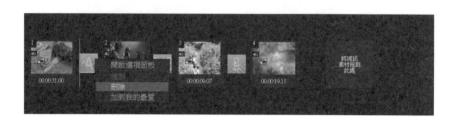

調整影片素材的順序, 相鄰的轉場效果會被刪除

若是在加入轉場特效後, 才想調整影片素材的先後順序, 那麼調整的過程中兩段相鄰的轉場效果會被刪除。

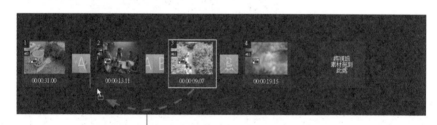

將第 3 段影片素材拉曳
到第 2 段影片素材前

影片對調後, 相鄰的轉場效果被
刪除了, 必須重新加入轉場特效

5-3 | 調整轉場特效的播放長度及屬性設定

每一種轉場特效都有其專屬的設定可修改, 你可以視影片素材的內容, 自行調整轉場效果, 讓影片之間的銜接更加流暢。

調整轉場特效的播放時間

預設的轉場特效是播放 1 秒鐘, 你可以視實際情形來調整播放時間的長短。不過不是每個轉場特效的播放時間都能任意調整, 不同的特效有其最長及最短的播放限制, 通常不能超過 2 段相鄰素材中的任何一段長度。

要調整轉場特效的播放時間, 請先選取**腳本列**的特效縮圖, 便可在**選項**面板中的**時間長度**欄調整, 或是切換到**時間軸檢視**模式調整。

在「選項面板」中調整播放時間

請先選取特效縮圖, 然後在**時間長度**欄中點選要變更的單位 (時：分：秒：畫格), 當數字閃動時, 你可以按下 🔼 鈕來增減, 或是利用鍵盤的 🔼、🔽 鍵來調整, 改好後只要點選畫面的其他區域即可完成設定。

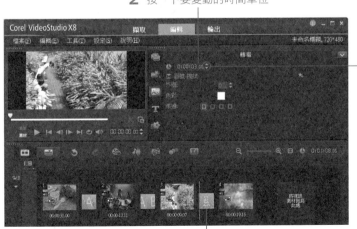

2 按一下要變動的時間單位

3 在此按鈕增減播放時間

1 選取特效縮圖

由「時間軸檢視」模式調整播放時間

在**時間軸檢視**模式中，拉曳特效縮圖的左右兩側，亦可調整播放時間的長短。

直接拉曳特效縮圖的兩側邊緣來調整播放長度

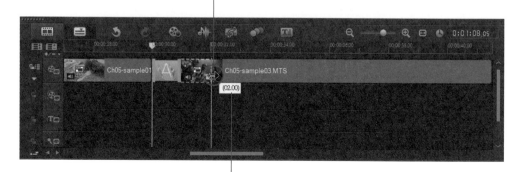

調整時會一邊顯示播放時間供你參考

轉場特效的屬性設定

每一種**轉場特效**都有其特殊的屬性設定可調整，例如可調整轉場效果的外框大小、色彩、特效變換方向、…等，只要選取特效縮圖後，就可在**選項**面板中更改。

在此區更改各項轉場特效的屬性

外框色彩

若是預設的外框色彩和影片的內容不協調，可按下**色彩**方塊使用 **Corel 色彩選擇工具**或是 **Windows 色彩選擇工具**來自訂外框的顏色。

調整外框大小

如果想強調轉場特效，你可以適時地調整外框的粗細：

 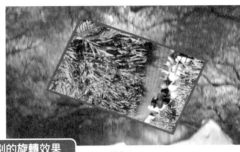

套用旋轉類別的旋轉效果

外框=0　　　　　　　　　　　　　　　　　　外框=2

柔邊

設定柔邊效果，可讓轉場效果中的線條邊緣比較柔和，加強與影片內容的融合度。

套用篩選類別的虹膜效果

無柔邊效果，十字形的邊緣　　　　　　　套用**中柔邊**的效果，
較不平滑 (有鋸齒的現象)　　　　　　　　　邊緣的線條比較柔和

方向

可更改特效的轉動 (移動) 方向, 例如由上而下、由內而外、由左上到右下、…的切換。每種特效都有不同的方向可設定。

旋轉類別下的單軸效果

置換類別下的棋盤效果

有些轉場特效有其獨特的屬性, 像是**遮罩、炫光、相簿**等類別。若你有套用這些特效, 可以在**腳本**列選取特效縮圖後, 按下**選項**面板中的**自訂鈕** 來修改效果。以下為**遮罩 A** 的屬性設定:

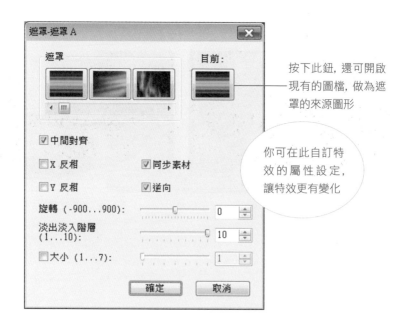

按下此鈕, 還可開啟現有的圖檔, 做為遮罩的來源圖形

你可在此自訂特效的屬性設定, 讓特效更有變化

Tip 素材庫中提供百餘種特效, 每一種都各具特色, 你可以多嘗試不同的效果, 看看與影片搭配的結果是否協調。

5-4 | 自動加入轉場特效

若是要處理的素材很多, 以手動的方式在每個素材之間加入轉場特效實在很累人。所以會聲會影提供了一項自動加入轉場特效的功能, 你可以讓軟體決定, 隨機加入各種轉場特效, 或是讓每個素材間都套用相同的轉場效果。

請按下**轉場**功能鈕 ，然後按下**套用隨機特效至視訊軌**鈕 ，這樣**視訊軌**上所有影片間都會隨機加上轉場效果。

按此鈕

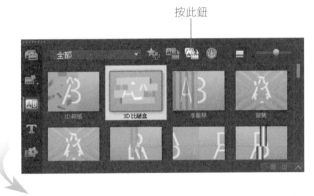

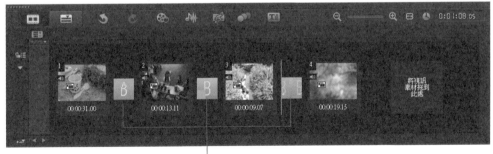

自動加入轉場效果, 你仍然可以
點選某個轉場縮圖進行修改

若只想套用單一種轉場特效到所有影片, 你可以在選好特效後, 按下**套用指定特效至視訊軌** 鈕。

1 點選指定的特效   **2** 按下此鈕

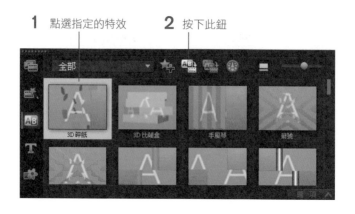

　　如果希望會聲會影日後都自動幫你在影片之間加上轉場特效，你可以執行『**設定/偏好設定**』命令，然後切換到**編輯**頁次：

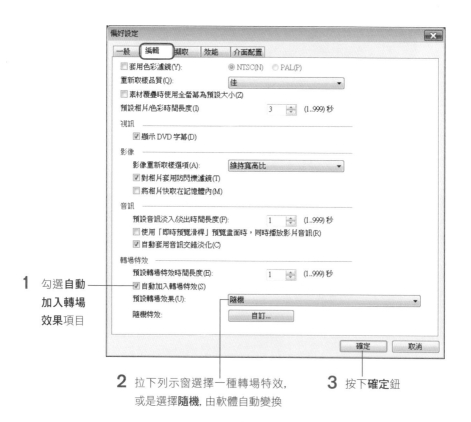

1 勾選**自動**
　　加入轉場
　　效果項目

2 拉下列示窗選擇一種轉場特效，
　　或是選擇**隨機**，由軟體自動變換

3 按下**確定**鈕

　　設定好之後，當你載入多個影片或相片素材，就可以看到素材之間自動加上轉場特效了。

Chapter

06 特效與音效：
運動美技 Replay

在影像處理軟體中，可以在相片加上馬賽克效果，或做成油畫風格...等，這些附加在相片上的特殊效果，就稱為「濾鏡」。如果你想為影片加上不同的變化，在會聲會影中也可以透過「濾鏡」功能來達成，而且加入的濾鏡不再侷限於靜態的變化，還可變出更多動態的畫面。

本章重點：

● 套用濾鏡的前置作業

● 用特效濾鏡營造情境效果

● 利用「效果音」強調畫面的存在感

● 為影片加入背景音樂

● 插入現成的聲音檔

● 善用「配樂大師」來配樂

● 完美呈現影片音質

● 運動播報

6-1 | 套用濾鏡的前置作業

在套用濾鏡前, 影片需要先經過剪輯處理, 而且濾鏡的使用也有一些注意事項和限制。

將要套用濾鏡的片段裁剪好

由於會聲會影的濾鏡效果會對整段影片有效, 因此我們建議您事先將要做特效的影片裁剪好, 這樣在套用濾鏡時的操作會簡單很多。

2 按下此鈕　　　　**3** 將濾鏡直接拉到影片上即可

1 將要套用濾鏡的影片先裁剪成獨立片段

濾鏡的調整

套用濾鏡後，您可以在**選項**面板中調整濾鏡的效果設定：

這是套用的濾鏡特效

2 切換到此頁次

1 打開**選項**面板

3 按此調整濾鏡設定

此處可微調濾鏡設定

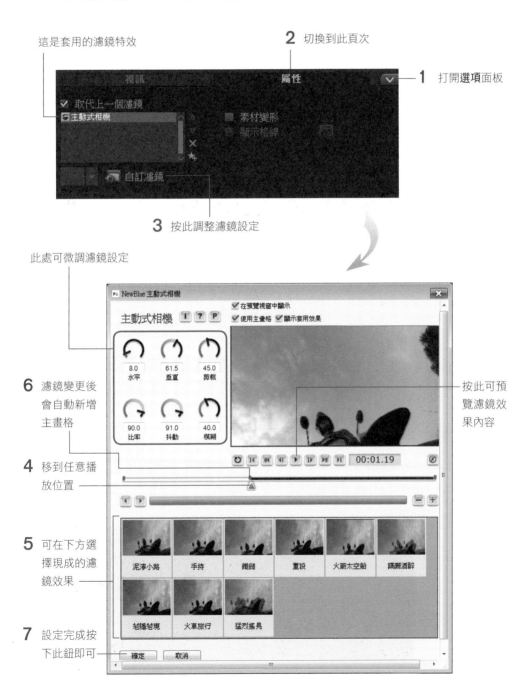

6 濾鏡變更後會自動新增主畫格

4 移到任意播放位置

按此可預覽濾鏡效果內容

5 可在下方選擇現成的濾鏡效果

7 設定完成按下此鈕即可

會聲會影的濾鏡由不同團隊開發，除了上述的設定交談窗，部分濾鏡則是以下的設定型式，操作方式則差不多：

2 按下此鈕新增一個關鍵畫格 (此處的「畫格」是指可設定變化的節點)

4 設定完成即可按下此鈕預覽套用濾鏡的效果

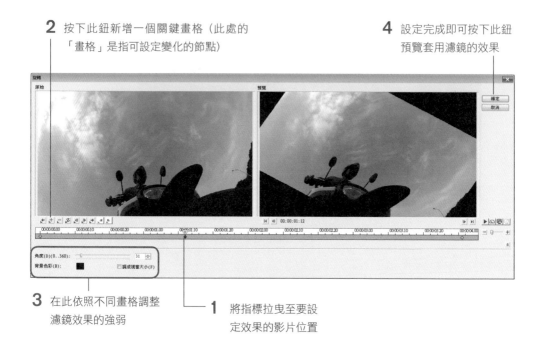

3 在此依照不同畫格調整濾鏡效果的強弱

1 將指標拉曳至要設定效果的影片位置

Tip 其實多數濾鏡可以透過設定畫格的方式，調整套用濾鏡的有效片段，不過這樣的操作有點麻煩，除非必要或是已經很熟悉相關操作，不然不建議初學者這麼使用。

套用多個濾鏡

套用新的濾鏡效果時，預設會取代前一個濾鏡效果。例如我們想要先套用**旋轉**濾鏡，再加上**主動式相機**濾鏡，請由**選項**面板的**屬性**頁次進行調整：

1 取消此選項

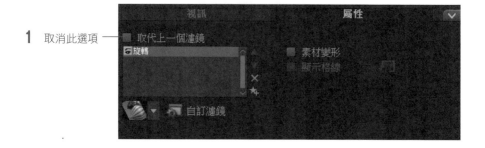

3 在選取濾鏡效果後, 由此處調整順序

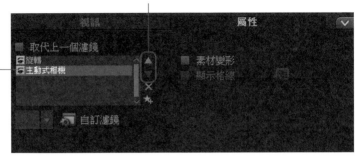

2 接著就可以拉曳第 2 個濾鏡到影片上

套用多個濾鏡後, 效果會彼此重疊影響, 調整上自然會比較費功夫, 不過也可能會因此產生截然不同的全新效果。

使用濾鏡的限制

一個素材最多可加上 5 個濾鏡效果, 當想要加入第 6 個時, 即會顯示如右的交談窗：

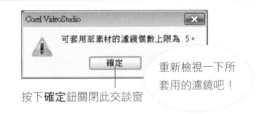

按下**確定**鈕關閉此交談窗

重新檢視一下所套用的濾鏡吧！

在此特別提醒你, 濾鏡效果只是為影片加分, 而非主角, 若同一段影片套用了太多效果, 反而會讓影片顯得太過雜亂, 所以增加濾鏡時還是應該適可而止哦！

刪除濾鏡

無論在影片或相片上套用了一個或多個濾鏡, 都可由**選項**面板的**屬性**頁次來取消設定：

按下此鈕可刪除濾鏡效果

6-2 │ 用特效濾鏡營造情境效果

會聲會影提供多達 80 多種濾鏡, 每一種濾鏡還可以微調不同的效果, 彼此搭配組合, 可以變化出十分豐富的特效。

由於會聲會影的濾鏡實在太豐富, 我們難以一一示範, 這裡就以花式機車的極限運動影片為例, 配合影片的特性, 選用搭配幾個適當的濾鏡做為示範, 其餘濾鏡的使用方式也差不多, 您可以依照自己影片的內容嘗試使用。

用光影、煙霧效果營造開場氣勢

很多賽車影片在起跑前, 會在落日餘暉下, 讓光束直接打在車子上, 然後加速起跑, 賽道上滿是輪胎摩擦地面揚起的陣陣白煙。我們的範例影片已經有這樣的氛圍, 這裡我們會利用濾鏡讓效果更明顯, 畫面更具張力:

1 插入 Ch06_sample01 範例影片　　**2** 再複製 1 段

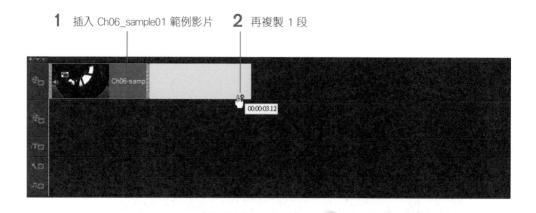

3 按下**濾鏡**鈕

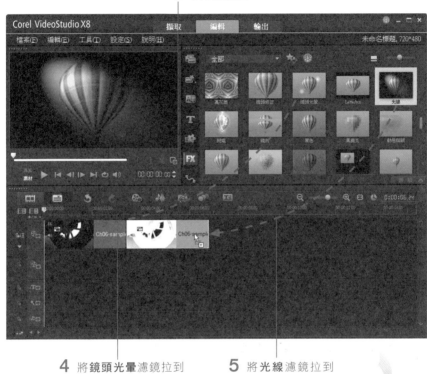

4 將**鏡頭光暈**濾鏡拉到
第 1 段影片

5 將**光線**濾鏡拉到
第 2 段影片

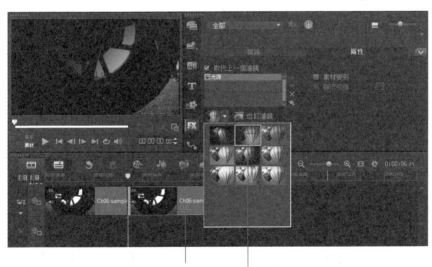

6 雙按第 2 段影片，
並切換到此頁次

7 拉下列示窗選擇此項

這樣我們就完成打光效果，接著要在另段影片的後半段加上煙霧：

1 再插入這段影片

2 將此濾鏡拉曳到影片上

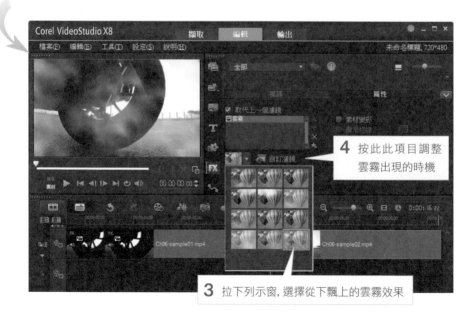

4 按此此項目調整
雲霧出現的時機

3 拉下列示窗，選擇從下飄上的雲霧效果

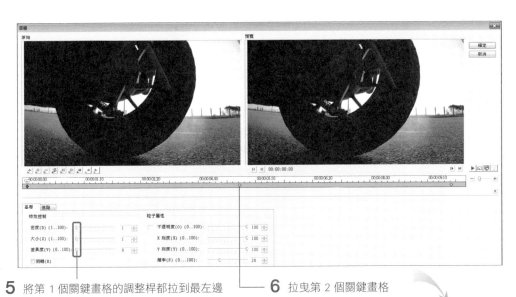

5 將第 1 個關鍵畫格的調整桿都拉到最左邊 　　　　　**6** 拉曳第 2 個關鍵畫格

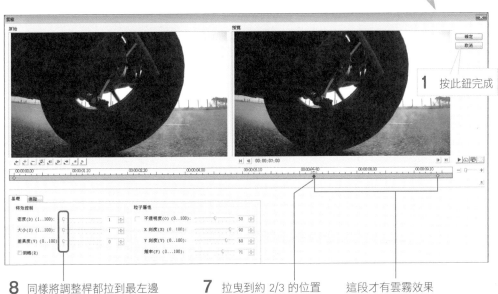

1 按此鈕完成

8 同樣將調整桿都拉到最左邊　　　　**7** 拉曳到約 2/3 的位置　　　這段才有雲霧效果

　　設定好之後，整段影片會先打上光暈效果，然後局部打光，畫面變暗後，輪胎開始摩擦地面，最後開始冒煙並出現明顯的煙霧效果：

強化速度感的濾鏡

運動影片的速度感很重要，如果原始影片的速度感不夠緊湊，可以利用會聲會影的相關濾鏡來強化。這裡我們會加入 3 個濾鏡：

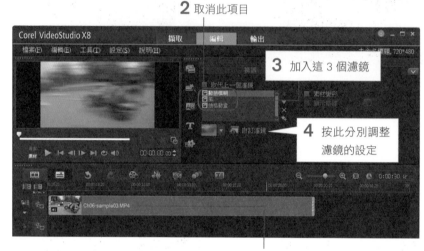

2 取消此項目

3 加入這 3 個濾鏡

4 按此分別調整
濾鏡的設定

1 插入這段影片

以下我們大致說明 3 個濾鏡的設定。

動態模糊濾鏡

動態模糊濾鏡可以自訂畫面模糊的程度，配合關鍵畫格的設定，會有慢慢模糊又漸漸清晰的效果：

只有中間這個關鍵畫格
有套用濾鏡效果

前後兩段不要套用效果，4 個畫格的**長度**都設為 0

動態模糊濾鏡的模糊效果是利用畫面疊影的方式產生，濾鏡中的光線來源會有不同的疊影模糊效果：

- **相機**：類似拍照晃動到的效果，比較接近實際拍攝物體移動太快所產生的結果，比較適合套用到本處的範例。

- **自然**：疊影之後再讓邊緣銳利化，因此可以比較清楚看到畫面主題的輪廓。

- **物件**：疊影之後再渲染，邊緣也會有一些銳利化效果，有點手繪圖的風格。

下方兩個調整桿，可以分別設定疊影的**長度**、**角度**，長度不要超過 15 較自然，角度則建議設成 -180 或 180，橫向的疊影比較有速度感。

Tip 若將**長度**設為 0，則不會套用濾鏡效果。

風濾鏡

可以讓畫面有一致性的殘影，同樣可以設定關鍵畫格產生動態的效果。風濾鏡的效果比較誇張，所以我們只讓影片中的一小段有效果：

1 新增這 3 個關鍵畫格，總共有 5 個畫格

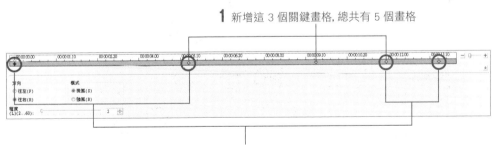

2 開始、結束這 4 個畫格都不做效果，**程度**滑桿拉到最左邊

6 最後按此鈕即可

3 選擇此畫格

4 將此滑桿拉到 20　　**5** 選擇**微風**效果

只有這段會有濾鏡效果

抽格動畫濾鏡

　　會放大畫面的影像並半透明顯示，然後持續播放後續的片段，這種效果運用得當，會有高速殘影的感覺。為了避免殘影干擾其他濾鏡效果，我們選擇效果比較輕微的濾鏡效果：

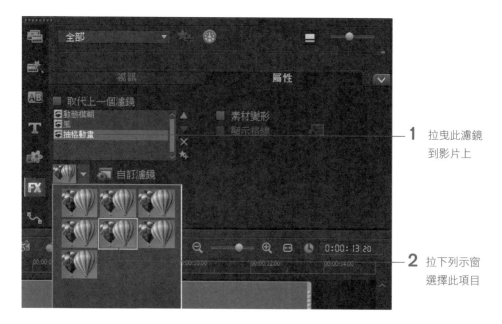

1 拉曳此濾鏡到影片上

2 拉下列示窗選擇此項目

最後 3 個濾鏡的套用結果如下：

翻轉濾鏡極限運動氛圍

很多極限運動為了挑戰自我，選手常會有各種高難度的**翻轉**動作，我們也可以在影片中 (Ch06-sample04) 加入翻轉的運鏡效果，增添影片的可看性。

會聲會影中的**旋轉**濾鏡可以旋轉整個畫面，不過由於長寬的比例的問題，在旋轉 90 度的時候，左右兩邊會是黑影，因此我們搭配**視訊平移縮放**濾鏡，讓畫面比較自然一些：

2 分別將這兩個濾鏡拉曳到
影片上 (**旋轉**在上面)

3 先選**旋轉**

1 先裁剪好要套用的影片

4 按此項目

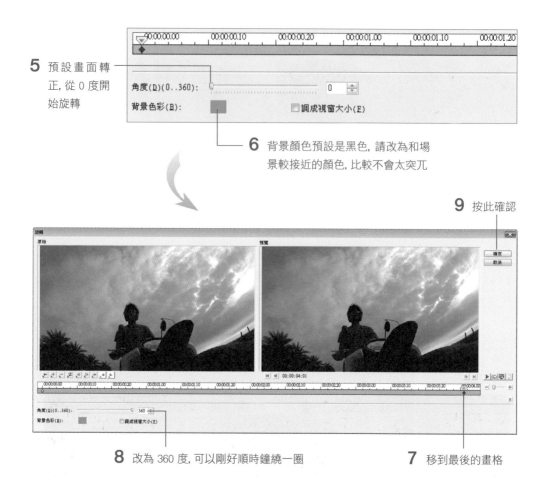

5 預設畫面轉正, 從 0 度開始旋轉

6 背景顏色預設是黑色, 請改為和場景較接近的顏色, 比較不會太突兀

9 按此確認

8 改為 360 度, 可以剛好順時鐘繞一圈

7 移到最後的畫格

　　完成後畫面就會翻轉一圈 360 度, 當然也可以讓畫面正轉、反轉多繞幾圈, 只要多增加幾個關鍵畫格, 調整角度就可以辦到。由於畫面轉直時兩邊會留空, 我們可以放大畫面, 減少留空的面積：

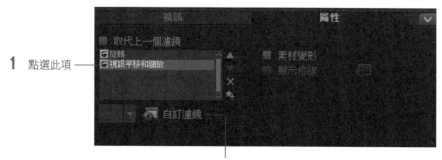

1 點選此項

2 按此調整濾鏡設定

3 縮小顯示的視窗
大小到 1/4

5 同樣縮小顯示的視窗大小

4 移到最後的畫格

7 遇到畫面沒有框在主要場
景上, 按此新增關鍵畫格

8 再調整顯示
視窗的位置

9 整段影片都確認調整好顯示
位置, 就可以按下此鈕了

6 拉曳播放桿從頭瀏覽一遍

完成後可以再加快畫面播放速度，就很有極限運動的運鏡風格囉！

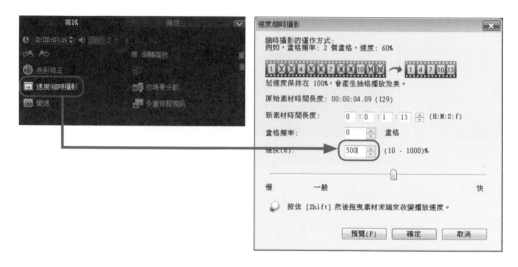

用自動素描濾鏡創造手寫字幕效果

筆者最喜歡的濾鏡要算是**自然繪圖**類中的自動素描濾鏡了，套用此特效，可以讓影片化身成大師級一般的素描作品，極具趣味性！我們在影片最後放上車子的照片，然後套用上自動素描濾鏡，為整段影片畫下結尾。

Tip 將**自動素描**濾鏡套用到影片上, 只會對影片的第一個畫面進行素描效果。

　　這個特效除了讓畫面有手寫素描效果外, 套用到**標題軌**的文字上, 也可以有手寫效果, 您也可以試試看。

善用影片變速, 運動美技 Nice Play

除了前面介紹的濾鏡之外, 運動影片也很適合套用快轉、慢轉、倒轉等變速播放的技巧, 相關操作說明可以參考第 4 章。

倒轉播放和調整播放速度, 很適合套用到運動影片上

6-3 利用「效果音」強調 畫面的存在感

在編輯影片時, 除了精心安排畫面影像外, 也能適時加上效果音, 可以強調或提醒 畫面中的景物, 或者做為影片的點綴。

拍攝電影時, 有個小細節常被忽略, 就是影片中的聲音效果, 也就是俗稱 的「效果音」。像是武打片的人物過招, 若不加上一點拳頭擊打的聲音和風 聲, 很難突顯發拳的勁道, 整部片的感覺就不對了。

會聲會影提供了 25 種效果音 (SP-S01.mpa~SP-S25.mpa) 可以應用, 您可以妥當運用, 一定可以讓影片內容更生動! 這裡我們將分別在影片開頭 加上輪胎起步的聲音, 結尾加上時間計時的滴答聲:

1 按下此鈕

可以先取消這兩個圖示, 只 留下聲音素材, 比較好搜尋

2 選擇此聲音檔

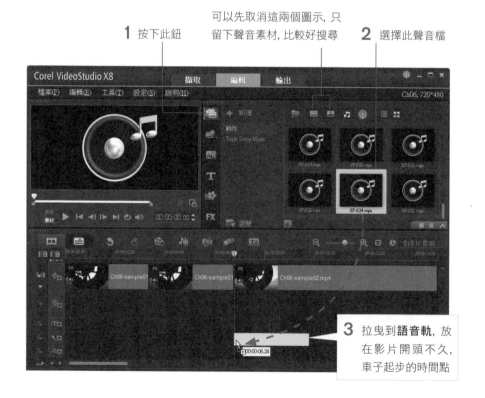

3 拉曳到**語音軌**, 放 在影片開頭不久, 車子起步的時間點

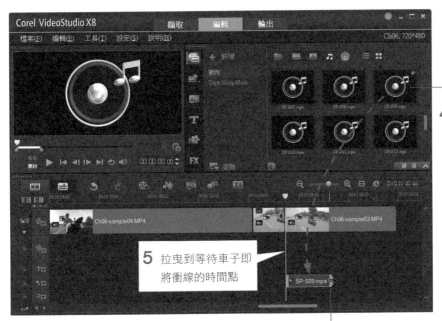

4 選擇此檔案
(SP-S09)

5 拉曳到等待車子即
將衝線的時間點

6 縮短聲音檔長度

8 裁剪只保留聲音最大的區段　　　　　**7** 選擇此檔案 (飛機引擎聲)

9 接在剛剛滴答聲之後

10 在**選項**面板按下此項目

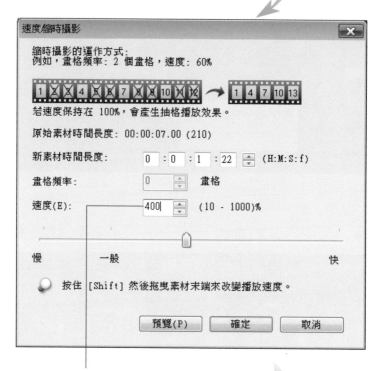

11 加快播放速度到 400%，即可以
營造賽車快速衝線的效果

最後設定完成的結果

6-4 | 為影片加入背景音樂

在會聲會影中編輯影片時,可表現聲音的包括視訊軌、覆疊軌、語音軌和音樂軌,
其中視訊軌和覆疊軌播放的是影片本身的聲音,我們只能針對音量進行調整,無法
變更成其它的聲音檔;而語音軌和音樂軌的內容,則可以讓我們加入喜歡的配樂
或聲音檔。

我們將會聲會影可加入聲音的方式,依聲音檔放置的位置做一個簡單的
說明:

● **視訊軌、覆疊軌**:可播放影片原本的聲音。

● **語音軌**:可錄製旁白,為影片做最詳盡的解說。

● **音樂軌**:

　　▦ 由音訊**素材庫**加入內建的背景音樂。

　　▦ 加入**配樂大師**的音樂。

　　▦ 以音樂檔案做為影片的背景音樂。

　　以下我們將一一說明各種加入聲音的調整方法。

調整影片的音量

在加入配樂之前，我們要先學會如何調整音量，如果影片原本的聲音就很大，再加上背景音樂反而會顯得吵雜，達不到配樂的效果，所以在加入背景音樂前，應先適當的調整影片原本的音量，再進行配音的工作。延續先前的範例影片，若按下播放鈕，應該可以聽到震耳欲聾的機車引擎聲。為了方便之後可以加入其他音樂，我們要將第一段影片降低音量。

🎥 聽不到聲音？！

書附光碟上的範例檔 ch06-sample01 及 ch06-sample02 都包含聲音，如果播放影片時沒有聽到聲音，請如下進行檢查：

● 如果你使用的是 Notebook，不需要外接設備應該就可以播放聲音了。請檢查聲音的音量是否太小，才導致聽不到聲音。萬一調整後仍覺得聲音太小，也可以外接喇叭來擴大音量。

● 請檢查喇叭 (或耳機) 的接孔是否在正確的位置，你可以先檢查一下電腦正面面板上是否有喇叭 (或耳機) 的接孔。若沒有，應該在主機的背面：

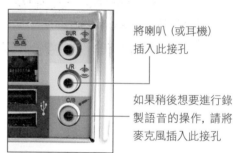

將喇叭 (或耳機) 插入此接孔

如果稍後想要進行錄製語音的操作，請將麥克風插入此接孔

● 如果你的電腦已外接喇叭，請檢查喇叭的電源是否已開啟，或是音量是否適中。

● 確認接孔都接妥後，再檢查系統的音量設定是否有開啟。以 Windows 7 為例，請開啟**控制台**選擇**硬體和音效**，再按下**調整系統音量**，開啟如右的交談窗：

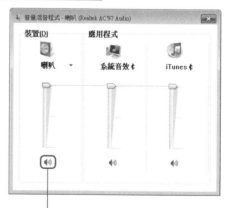

檢查是否有啟用靜音選項 (若有啟用，按鈕會呈 🔇 狀態)，按一下即可取消

調整音量時請先選取**視訊軌**上要調整音量的素材，例如 ch06-sample01，再由**選項**面板進行設定：

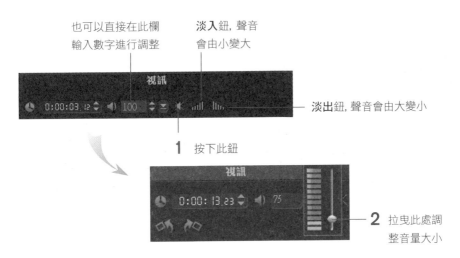

也可以直接在此欄
輸入數字進行調整

淡入鈕，聲音
會由小變大

淡出鈕，聲音會由大變小

1 按下此鈕

2 拉曳此處調
整音量大小

Tip 音量的預設值是100，往上加會提高音量，往下減則是降低音量。

移除影片上的聲音

由於我們的範例影片都有明顯的引擎聲，保留第一段影片的聲音後，後續其他素材都調整為靜音。請一一選取視訊軌中的影片，然後全部設為靜音：

按下此鈕，影片播放時就不會有聲音

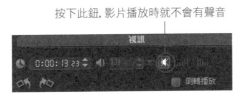

除了**視訊軌**的素材可如上步驟進行調整外，**覆疊軌**上素材的音量也可以進行相同的調整工作。

加入內建的背景音樂

調整好素材的音量後，就可以為影片進行配樂了。會聲會影中音訊素材庫具有內建的配樂檔，讓我們自由搭配影片進行播放。

1 剛才我們已經調整過範例影片的音量了，馬上來進行配樂的工作。

1 按下**媒體**鈕　　**2** 分別按下**視訊**、**相片**鈕成非選取狀　　**3** 選擇其中一個
　　　　　　　　　　態，就可以讓素材庫只出現**音訊**

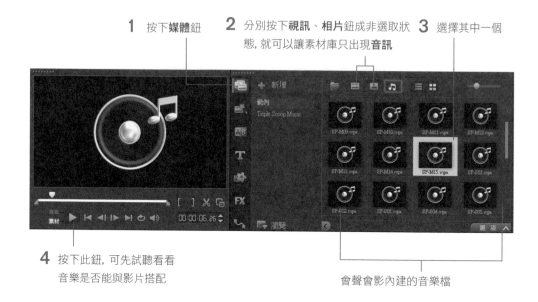

4 按下此鈕，可先試聽看看
　　音樂是否能與影片搭配

會聲會影內建的音樂檔

2 將喜歡的音樂檔直接拉曳到**音樂軌**上，為使影片產生輕快的感覺，我們選
擇 **M15**，請將其拉曳到**音樂軌**的最前面，使影片開始播放時就播放音樂：

將縮圖拉曳至**音樂軌**

3 由於音樂共長 1 分鐘，我們的影片只有 19 秒，所以我們要調整一下音
樂的長度。請先按下**時間軸**上的 🔲 鈕，顯示全部的專案內容，再從音樂
檔的最後向前拉曳至與影片等長的位置：

按下此鈕顯示全部的專案內容

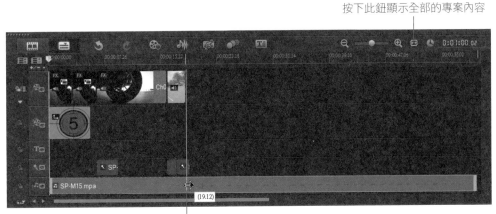

拉曳音樂檔靠近影片結束位置，
音樂會自動與影片切齊

設定聲音的淡出效果

完成以上的操作後，請選擇**專案**模式進行播放，來聽聽看聲音的效果，你
會發現當影片結束時，音樂會突然中斷，聽起來非常突兀。為了避免這樣的情
形，請選取**音樂軌**上的配樂檔，再按下**選項**面板的**淡出鈕** ：

啟動淡出功能，使
音量會隨著影片
的結束慢慢變小

如果想要刪除**音樂軌**上的聲音檔，只要選取該音樂檔，再按下 Delete 鍵即
可刪除。

加入聲音濾鏡

如果覺得音樂的變化不夠多，我們還可以利用聲音濾鏡加些特別的效果，
例如為聲音加上**體育場音效**，來營造出環場音效的氣氛，最適合搭配室內表演
活動的影片來播放了。套用聲音濾鏡時，請先選取音樂軌上的聲音檔，再按下
選項面板上的**音訊濾鏡鈕**：

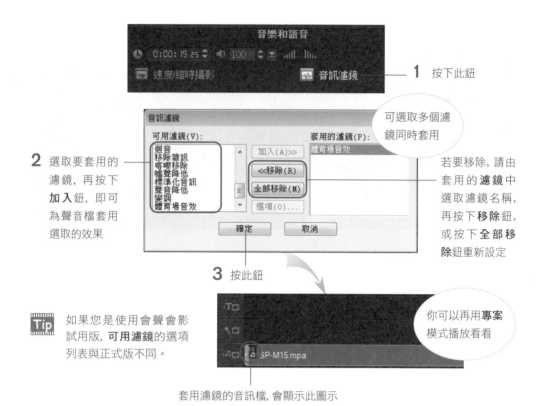

1 按下此鈕

可選取多個濾鏡同時套用

2 選取要套用的濾鏡, 再按下**加入**鈕, 即可為聲音檔套用選取的效果

若要移除, 請由套用的**濾鏡**中選取濾鏡名稱, 再按下**移除**鈕, 或按下**全部移除**鈕重新設定

3 按此鈕

Tip 如果您是使用會聲會影試用版, **可用濾鏡**的選項列表與正式版不同。

你可以再用**專案**模式播放看看

套用濾鏡的音訊檔, 會顯示此圖示

套用 Triple Scoop 專業音樂

除了剛剛介紹內建的背景音樂外, 會聲會影 X8 也收錄了 Triple Scoop Music 公司的專業配樂, 您可以多加利用。使用方式和內建的背景音樂相同, 這裡就不再贅述了。

切換到此資料夾, 即可看到 Triple Scoop Music 的專業曲目

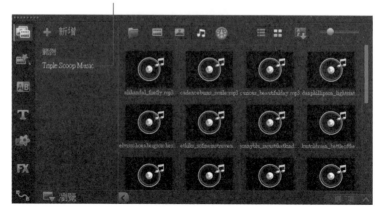

6-5 | 插入現成的聲音檔

如果是一段婚禮的記錄影片，你可能想要為影片配上婚禮的主題曲；歡樂的生日派對，當然得配上經典的生日快樂歌曲囉！這些音樂沒辦法在會聲會影的內建素材裡找到，想要利用配樂大師來找到完全符合主題的音樂，也很不容易，那麼你可以試試在影片上加入自己準備的音樂檔。

將聲音檔插入腳本

可加入的聲音檔分為兩大類，一是單純的聲音檔格式，例如：mp3、wmv 等；另一種則是影片中包含的聲音檔，例如：avi、mpg 等，將這類影片加入**語音軌**或**音樂軌**時，將只會播放影片中的聲音，並不會播放影片內容。我們以下表來說明：

類別	副檔名
Microsoft AVI 檔	.avi
MPEG 音訊檔	.mpa .mp3
MPEG 檔	.mpg .mpeg .mpv
Real Networks Video 檔	.rm
MicrosoftWAV 檔	.wav
MicrosoftMedia Audio	.wma
MicrosoftMedia Video	.wmv .asf

Tip 礙於音樂版權，本節的內容我們無法附上音樂檔及加入音樂的影片供你參考，請利用自己準備的音樂檔進行練習。

底下我們就以加入 mp3 音樂檔為例，來說明加入聲音檔的操作步驟。

1 切換至**時間軸檢視**模式，並在**音樂軌**上按右鈕，執行『**插入音訊/至音樂軌**』命令：

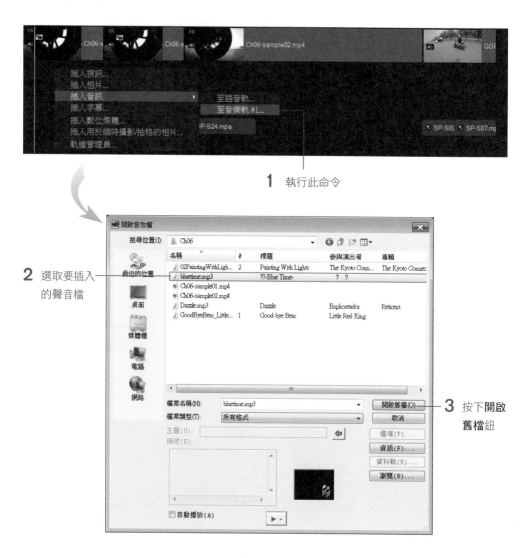

1 執行此命令

2 選取要插入的聲音檔

3 按下**開啟舊檔**鈕

Tip 如果影片的長度比音樂檔長很多，你可以選擇在第一首曲目後，接著新增第二首不同的歌曲，增加影片的聽覺效果。若是希望影片可以搭配同一首樂曲，則請重複加入相同的聲音檔做為配樂。

2 當音樂檔的播放時間比視訊檔長時，我們也可以依照剪輯視訊的方式來修剪聲音檔。例如當音樂的前奏與結尾太長時，我們可以將其刪除，只保留主旋律：

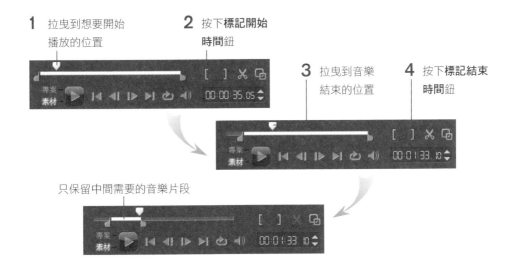

1 拉曳到想要開始
播放的位置

2 按下**標記開始
時間**鈕

3 拉曳到音樂
結束的位置

4 按下**標記結束
時間**鈕

只保留中間需要的音樂片段

3 最後再調整**音樂軌**上聲音檔的位置，本例請拉曳到最前面，使影片與配樂一起播放。如果覺得配樂出現的太突然，也可以為音樂加上**淡入 / 淡出**的效果。

> **Tip** 加入自己準備的聲音檔後，亦可按下**選項**面板的**音訊濾鏡**選項，為聲音加入內建的濾鏡。

使影片與音樂同步

利用 **[** 及 **]** 鈕編輯音樂素材時，你可能會覺得調整起來，始終無法精準到與影片同時結束。此時建議你先將聲音檔調整到比影片多一點的長度，然後將聲音檔拉曳到要開始播放的位置，再將聲音檔的結束位置拉曳到影片結束的位置，此時聲音檔會自動與影片切齊，最後再加上淡出的效果，聲音的開始與結束就不會顯得突兀了。

將聲音檔向前拉曳，結束
位置會與影片切齊

6-6 | 善用「配樂大師」來配樂

在安裝會聲會影時, 會一併安裝配樂大師, 其中內建豐富的配樂資源, 每一首配樂
還有多種曲風, 任你自由搭配。

　　雖然您可以自行將喜愛的音樂插入到影片中, 不過有時候要找到配合影
片屬性的音樂, 也需要花一些時間。會聲會影的「配樂大師」提供各種不同
曲風的音樂, 您只要選擇適當的風格, 配樂大師就會配合您的影片長度匯入音
樂, 可以幫您大大省下自己找音樂的時間。

配樂大師與音訊素材庫的差異

在此我們特別針對**配樂大師**及**音訊**素材庫兩者的差異, 再為你做個說明。**配樂大
師**與音訊素材庫最大的不同, 是配樂大師會根據我們設定的播放長度, 自動運算要
重複播放或中斷的小節, 使音樂在調整影片長度後, 仍可流暢的播放, 不會有突然
中斷的感覺; 而**音訊**素材庫則是一個個完整的音樂檔, 如果依影片長度調整音樂
檔, 必須藉由淡入、淡出效果, 減少音樂停止時的突兀感。

加入配樂

　　這裡我們將刪除原先專案中的音樂, 改用「配樂大師」來加入適合極限
運動的電子樂曲目:

1 按下**配樂大師**鈕之後, 就可以自由選擇喜愛的曲目。由於配樂大師收錄的
曲目眾多, 您可以選取音樂曲風後, 再選擇歌曲, 每首歌曲可能又會有不
同版本, 可以多多試聽, 應該不難找到適合的音樂:

1 按下此鈕

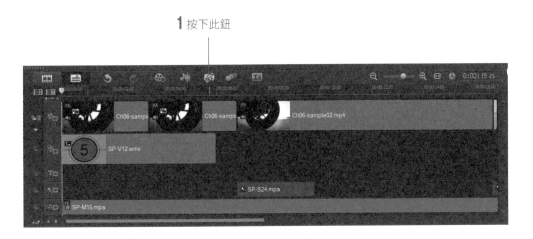

2 選擇配樂的曲風

3 分別選擇歌曲和不同版本

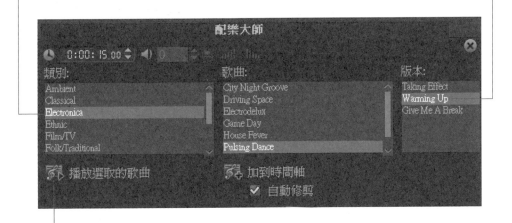

4 按此試聽選取的配樂

2 選好歌曲後，可以直接加入到音樂軌中，並能配合影片長度自動裁剪：

3 按此鈕加入配樂到專案中

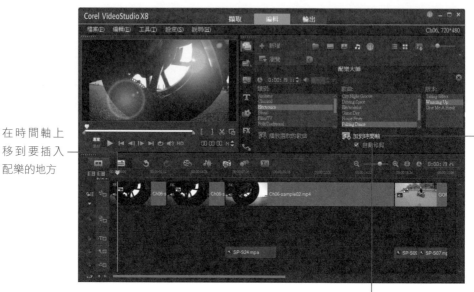

1 在時間軸上
移到要插入
配樂的地方

2 勾選此鈕

3 點選**專案**再進行播放，就能聽到配樂大師的配樂效果了。

由於勾選**自動修剪**，因此配樂
結束的位置會自動對齊影片

　　當影片長度大於配樂大師的配樂，則音樂檔會自動重複補滿整個影片長度，反之若影片長度小於配樂，且勾選**自動修剪**選項，便會幫你截斷多餘的音樂。

先清除音樂軌的音軌，才能插入配樂大師的曲目

若您在**配樂大師**中選擇好曲目後，卻無法按下**加到時間軸**按鈕加入曲目，應該是您的**音樂軌**中有其他音軌的緣故，要刪除原來的音樂才能加入：

音樂軌上已經有音樂素材，無法插入**配樂大師**的曲目

另外還有一種情況，雖然可以可以插入**配樂大師**曲目，但**音樂軌**某個時間點有其他音樂素材，則插入的曲目只會到原有的音樂素材之前，無法涵蓋整個時間軸，要請您特別留意：

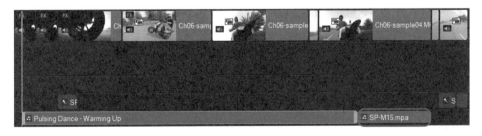

音樂軌有其他素材時，配樂無法涵蓋整個時間軸

6-7 | 完美呈現影片音質

當我們切換到腳本或時間軸模式時,雖然可以清楚看到專案中的所有素材,但無法確實掌握每個素材的音量。會聲會影提供的混音器模式,可以讓您更方便調整影片音訊的配置。

　　為了讓我們可以仔細調整影片的聲音,會聲會影提供了一個混音器模式,在此模式中可仔細調整每一軌的音量,或選取兩軌配合播放,也可以一邊播放影片,一邊手動調整音量。最主要的目的,就是整合整個專案的聲音,使其可達到相輔相成的效果。以下我們就先來認識一下**混音器**模式的操作環境,請切換為**混音器**模式。

目前是在**時間軸檢視**模　　　請按下此鈕切換到
式,看不出素材的音量　　　**混音器**模式

可看到包含聲音的素材都有一條淡藍色的
音量基準線,在會聲會影中稱為**音量調整器**

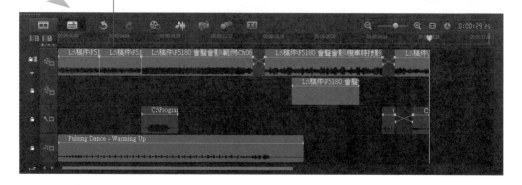

接下來請將**選項**面板切換到**環繞音效混音器**頁次：

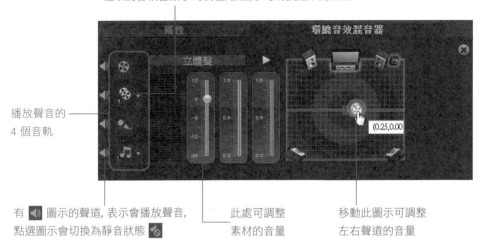

選取的音軌會顯示為橘色, 按圖示可切換選取的音軌

播放聲音的
4 個音軌

有 🔊 圖示的聲道, 表示會播放聲音,
點選圖示會切換為靜音狀態 🔇

此處可調整
素材的音量

移動此圖示可調整
左右聲道的音量

　　緊接著，我們就以實際範例來說明混音模式的操作方式。請先在**時間軸檢視**模式將影片內容安排好這裡我們延續運動影片的範例，由於素材眾多，您可以複製光碟**範例檔**，匯入已經編輯好的 Ch06.VSP 專案內容：

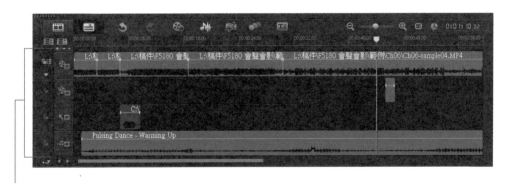

4 軌都包含聲音

調整素材的整體音量

我們在之前的章節提過, 只要選取**腳本列**上的素材, 即可由**選項**面板調整素材的音量。在**混音器**模式下也可以輕鬆調整素材音量, 方便你進行整個專案的聲音配置, 請切換至**混音器**模式：

1 選取**專案** (在**素材**模式下無法進行調整)

3 點選要調整音量的音軌, 使其成為作用中的狀態

2 確認播放頭在欲調整音量素材的開始位置

4 由音量控制器調整音量, 向上拉曳, 聲音愈大；反之, 則愈小

你可在調整後按下**選項**面板上的 ▶ 鈕, 聽聽看素材的音量大小是否適中, 或是同時搭配兩個聲音來進行播放, 例如我們只想播放**覆疊軌**和**視訊軌**的聲音, 就可如下操作：

2 再按下此鈕進行播放

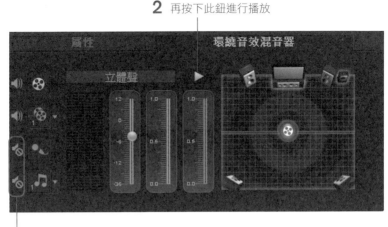

1 先分別取消不需要播放的音軌

　　另外，在調整過音量後，重新選取**視訊軌**上的素材時，會看到黃色和藍色兩條音量調整器：

黃色則是素材
目前的音量

藍色是素材
原來的音量

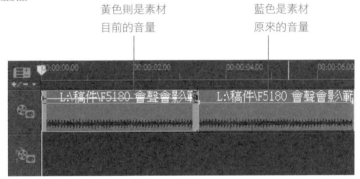

新增聲音節點

　　如上操作調整素材音量時，聲音的變化並不多，只能一直保持大聲或小聲，因此我們可利用節點來做點變化。在**混音器**模式中，節點的作用，就是控制聲道的音量，並藉由節點的位置，來記錄音量的變化，將音量以漸變的方式播放，可避免突如其來的不自然感。

　　在範例中我們要讓影片一開始播放時，先壓低**音樂軌**的音量，等到播放到中段之後，再拉高**音樂軌**的歌聲，成為整個專案的音樂主軸，請如下操作：

1 在**混音器**模式中先按一下要調整的音軌, 此時音量調整器會顯示成黃色的
水平線, 表示素材目前的音量:

音量調整器顯示為黃色

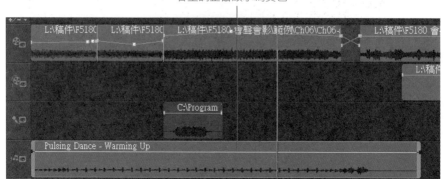

2 接著將指標移到音量調整器上, 想要加入節點的位置, 當指標呈 ⇧ 狀時,
即可向上或向下拉曳出一個節點:

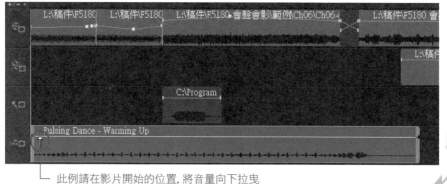

└─ 此例請在影片開始的位置, 將音量向下拉曳

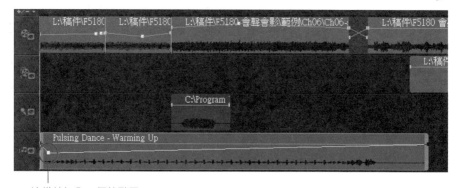

└─ 這樣就加入一個節點了

　　只要以上述的方式操作，在想要加入節點的位置，將音量調整器向上或向下拉曳，就能自由新增節點來控制音量的變化了。如果想要修改節點的位置或高度，請將指標移到要調整的節點上，待指標呈 🖑 狀，再進行調整；若在指標呈 ⇑ 狀時拉曳，將會新增一個節點，這點請讀者特別注意。

移除聲音節點

　　移除節點時，請將指標移到節點上，將其拉曳出該音軌的範圍外即可刪除該節點。另外，如果加了太多節點不容易調整，也可以在素材上按右鈕，選擇『**重設音量**』命令，就會清除掉所有的節點了。

執行此命令可清除所有節點

邊播放影片邊調整聲音

雖然利用加入節點的方式，可以自由調整音量，但畢竟是用 "眼睛" 在調整聲音，如果能讓眼睛和耳朵並用，再以直覺的方式進行調整，相信一定更有效果。會聲會影的混音面板，就可以讓我們像 DJ 在播放音樂那樣，調整每軌的音量，而且調整時還會邊播放影片，讓你不用擔心節點加的位置不對，或是聲音太大、太小的問題！

請先將**環繞音效混音器**的 4 個聲音圖示都開啟，然後按下 ▶️ 鈕，即可在影片播放中即時選擇要調整的聲音圖示，再拉曳**音量淡化器**來調整音量，節點會馬上顯示在時間軸上：

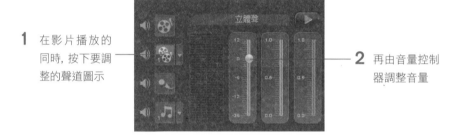

1 在影片播放的同時，按下要調整的聲道圖示

2 再由音量控制器調整音量

影片播放的同時，你可以任意選擇要調整音量的圖示，也可以隨時進行變換。專案會播放到最後一個素材結束為止。另外，如果你一直變換聲道進行調整，或是調整的差異太大，聲音容易有斷斷續續的情況。不過這並不影響最後完成的影片聲音，你可以在調整後重新以**專案**方式進行播放，聽聽看最後的成果如何。

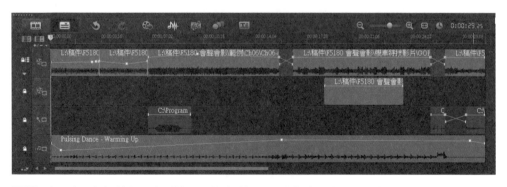

Tip 在混音面板調整音量時，若想要重新調整，不需將節點刪除即可直接重新進行拉曳，節點會以最後一次調整的結果為準。

6-8 | 錄製運動播報旁白

運動影片還有一個不可或缺的部分就是轉播時的播報旁白，生動有趣的播報內容絕對可以為您的運動影片加分。

為影片錄製旁白的應用很廣，例如：想為影片錄製開場白，或是解說旅遊時沿途的風光、趣事。這裡我們會錄製一小段播報內容，加入到壘球比賽的影片中，看起來就像是在觀賞運動頻道的賽事。

錄音的準備工作

在開啟錄製前，我們先來檢查一下麥克風是否已正確的安裝。如果不確定麥克風是否已正確的安裝，你可以開啟喇叭的電源 (或戴上耳機)，然後對著麥克風試音，如果安裝正確，應該會在喇叭或耳機裡聽到自己的聲音。萬一沒有聽到聲音，建議你按照以下兩個方式進行檢查：

● 檢查麥克風是否已插入正確的接孔？

● 檢查麥克風的音量是否誤選了靜音？請開啟**控制台**選擇**硬體和音效**，再按下**管理音訊裝置**開啟交談窗：

1 切換到**錄製**頁次

2 在麥克風上按右鈕，執行『**內容**』命令

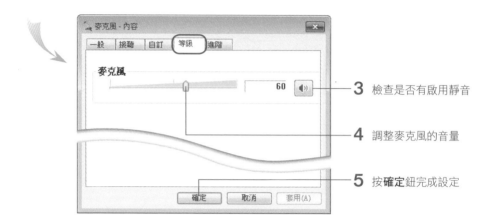

3 檢查是否有啟用靜音

4 調整麥克風的音量

5 按**確定**鈕完成設定

錄製旁白

　　請先將麥克風裝好, 然後在**腳本列**中加入影片、轉場效果⋯等, 再將播放進度移到要開始加入旁白的影片位置, 接著按**錄製/ 擷取選項**, 選擇**旁白**:

1 按下此鈕　　　　　2 選擇此項目

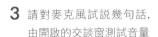

3 請對麥克風試說幾句話，
由開啟的交談窗測試音量

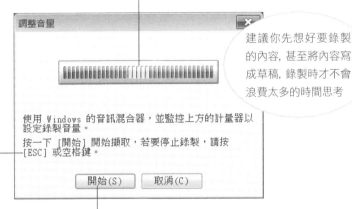

建議你先想好要錄製的內容，甚至將內容寫成草稿，錄製時才不會浪費太多的時間思考

開始錄音後，影片也會隨之播放，讓你對照影片內容配音，按下 `Esc` 或者是 `空白鍵` 就可以結束錄音

4 調整好後請按下**開始**鈕，
開始錄音

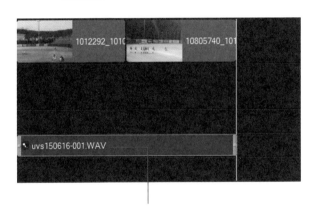

所錄的旁白會顯示在**語音軌**中

　　若想播放錄製好的旁白，請選取**語音軌**上的聲音檔，再選擇以**素材**的方式播放聲音檔，就能聽到剛才錄製的內容了。同樣可由**選項**面板調整音量、淡入/淡出的效果。如果對於錄好的聲音檔不滿意，也可以按 `Del` 鍵將檔案刪除，再重新錄製。

　　另外，建議你將旁白分段錄製，例如將旁白的內容區隔為每 10 ～ 15 秒一段，不僅方便搭配影片來調整，若有不理想的片段，也可以免去重頭錄製的麻煩。

錄製聲音檔的命名規則與儲存位置

錄製聲音檔的命名規則為 "uvs" ＋ "錄製的日期" ＋ "錄製的流水號", 例如我們在 2015 年 6 月 16 日錄製的第 1 個聲音檔, 檔名為 "uvs150616-001.wav"。日後你可以依此命名規則去尋找檔案, 或是在錄製好檔案時, 立即切換到檔案儲存位置進行更名, 方便日後取用。

另外, 若是想自訂工作資料夾的儲存位置, 請執行『**設定/偏好設定**』命令:

切換至**一般**頁次　　　　　　　　　此處是預設的工作資料夾位置

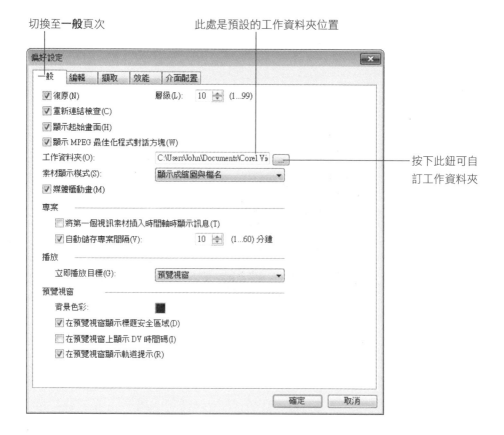

按下此鈕可自訂工作資料夾

07 靜態、動態 文字效果： 產品廣宣 CF

現在是網路行銷的年代，以往只依靠靜態的平面文宣，行銷的力道太弱，若能將產品的特色透過影片來呈現，再利用網站、社群來推廣放送，將更有效將產品行銷出去。

本章重點：

- 宣傳影片的內容安排與素材
- 用範本標題文字當片頭
- 修改、美化產品介紹文字的樣式
- 將產品照片套用動態路徑效果
- 為產品文案加上字幕跑動效果
- 快速複製標題文字的樣式
- 片尾停格顯示聯絡資訊

7-1 | 宣傳影片的內容安排與素材

產品廣宣 CF 的種類很多, 像是我們常在電視上看到的, 由專業的導演、演員操刀的廣告, 或是搞笑、Kuso 的自拍微電影, 都是很常見的方式。

　　幫產品拍攝宣傳影片是很傳統的行銷手法, 不過若是拍攝以往常見的商業廣告 CF, 需要花費不少預算。若您行銷預算不充足, 也沒有很多時間構思微電影的腳本, 可以參考本章的做法, 用簡單的文案說明產品的特色, 再以具體的影片呈現產品的使用情境, 花幾個小時就可以搞定產品廣告。

產品廣告內容安排

　　本章的範例是以某科技公司生產的多功能智慧型履帶車為例, 我們將廣告內容大致分成 4 個部分:

片尾　　使用情境　　產品介紹　　片頭

- **片頭**：通常影片開頭要先曝光公司的名稱和 Logo，而且這段片頭在未來其他產品廣告中，最好能重複使用，才能營造官方宣傳影片的整體感。

- **產品介紹**：接著可以直接切入產品本身的介紹，也是影片的重點。一定要明確呈現出產品的外觀照片和產品名稱，若有必要可以多展示不同方向的產品照，然後用文字將產品特色介紹出來，由於影片不適合播放太多文字，因此文案的內容切記要精簡。

- **使用情境**：很多產品特色用文字、照片可能說不清楚，這時可以將產品實際使用的狀況拍攝成影片，將更具說服力。

- **片尾**：影片最後記得放上聯絡資訊和公司網站網址，消費者對產品有興趣才知道聯絡窗口，也可以將片頭的公司名稱和 Logo 再次曝光。

　　依照上述的內容安排，我們將需要在影片中插入不少文字資訊，如：公司名稱、產品文案、聯絡資訊等，因此本章會一併介紹會聲會影的標題和文字軌的使用技巧。

準備相關素材檔案

　　在開始製作影片前，請先準備好相關的素材，包括：

- 公司 Logo

- 產品照片：可以多準備不同角度的照片，方便應用，照片最好能先去背。

- 產品操作影片：事先拍攝好能夠突顯產品特色的操作片段。

- 背景音樂：若公司有具代表性的音樂，可以插入到廣告中，不然也可以自行選擇其他較符合產品屬性的音樂，不過要特別注意是否可用於商業使用。

7-2 | 用範本標題文字當片頭

會聲會影提供各種標題文字的範本, 搶眼的視覺效果, 很適合做為影片開始的片頭。

加入片頭的視覺底圖

在設計公司名稱的標題文字前, 必須先在**視訊軌**中新增背景, 您可以依照公司慣用的顏色, 加入純色的背景, 或是其他任意的圖片、影片素材:

2 在此切換到**色彩**, 可以加入純色的背景樣式

1 按下**圖形**鈕

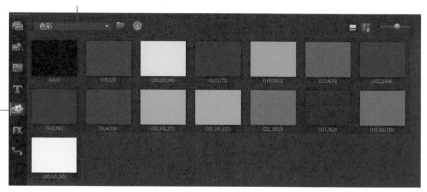

此處範例我們是選用會聲會影內建的 SP-05.wmv 檔案當作背景:

1 按下**媒體**鈕

2 選擇此檔案, 並拉曳到**視訊軌**中

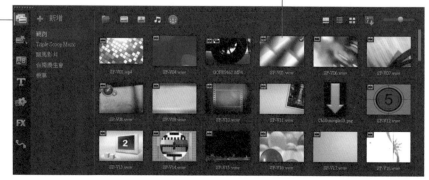

套用現成範本, 秀出公司名稱

接著我們要在**視訊軌**中新增文字, 打上公司名稱, 建議可以直接套用會聲會影現成的標題範本, 只要修改好文字內容, 馬上就有個專業的公司標題片頭囉！

1 按**標題**鈕, 可以看到會聲會影內建很多文字範本

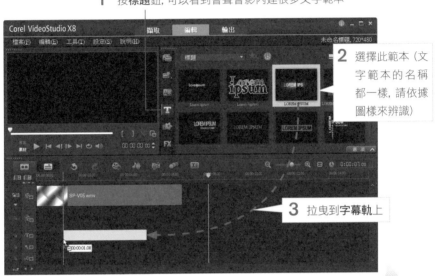

2 選擇此範本 (文字範本的名稱都一樣, 請依據圖樣來辨識)

3 拉曳到**字幕軌**上

5 再雙按**預覽**窗格中的文字, 即可修改文字內容, 請改為公司名稱

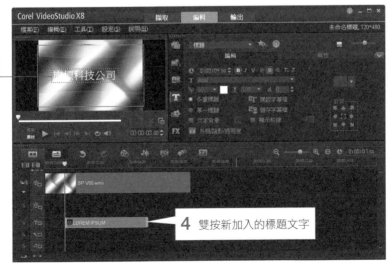

4 雙按新加入的標題文字

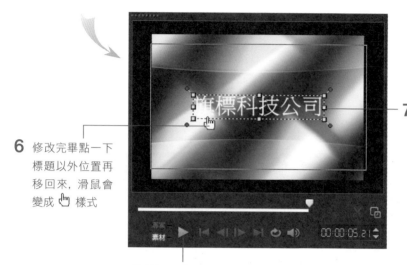

7 將標題拉曳到背景中的適當位置

6 修改完畢點一下標題以外位置再移回來, 滑鼠會變成 🖑 樣式

按此鈕可以預覽標題文字的播放效果

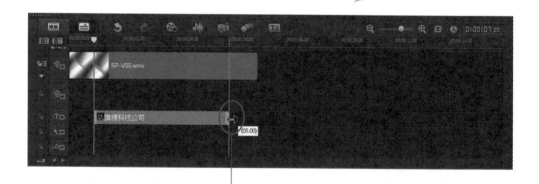

修改好文字後請試著播放標題文字的效果, 太快或太慢可以在時間軸中直接拉曳播放長度

7-3 | 修改、美化產品介紹文字的樣式

套用範本標題後, 我們還可以依據需要, 更改文字的字型、尺寸、顏色等, 接下來我們來學學如何美化文字。

片頭製作好之後, 接著要進入產品介紹的主要內容, 請準備好產品照片、產品文案, 再依照以下說明操作。

使用 Flash 動態背景

由於我們這一段影片的內容都是靜態的照片和文字, 為了避免畫面太過單調, 建議選用動態的背景。會聲會影內建有 Flash 動畫, 您可以從中選擇適合的來使用：

> **Tip** 本書光碟也收錄有 Flash 動畫, 您也可以多加利用。

1 按下**圖形**鈕　　**3** 選擇適合的動畫　**2** 切換到 **Flash 動畫**

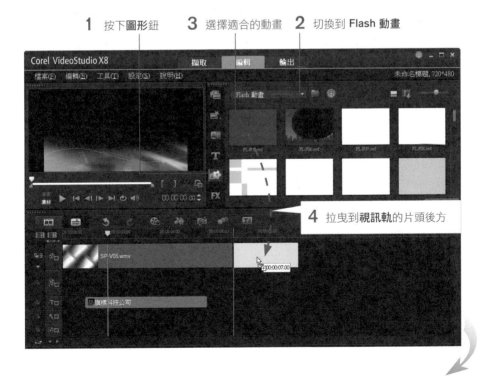

4 拉曳到**視訊軌**的片頭後方

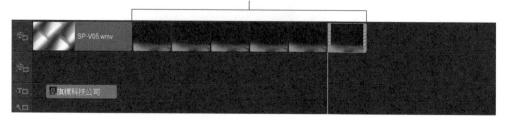

5 由於 Flash 動畫長度較短, 可在
視訊軌中多複製幾個片段

美化產品名稱文字

產品介紹之前, 當然要讓觀眾知道接下來要登場的是甚麼產品, 所以請先秀出產品名稱。我們同樣會套用範本, 不過會修改、美化文字樣式, 美化文字的工作可在點選**標題軌**後, 由**選項**面版的**編輯**頁次做設定:

1 按下**標題**鈕　　**2** 選擇適當的標題範本

3 拉曳到**標題軌**中, Flash
動畫背景的播放位置

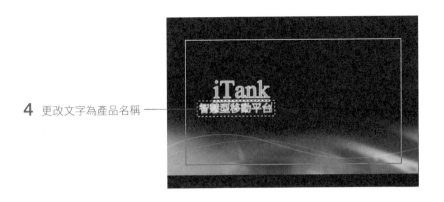

4 更改文字為產品名稱

接著我們可以再微調標題文字的樣式，請參考以下的說明來操作。

設定字型、色彩、大小及行距

請先選取要編輯的文字物件，再由**編輯**頁次設定文字的屬性：

拉下列示窗，選擇電腦中已安裝的字型

調整文字的大小　　挑選文字的顏色　　調整標題的行距（必須輸入
　　　　　　　　　　　　　　　　　　兩行以上的文字才有效）

在美化文字時，即使是同一組標題，仍然可個別設定文字的字型、大小
或顏色。其做法是在文字物件上雙按，當出現插入點後，在要編輯的字元上按
住滑鼠左鈕不放，拉曳到最後一個要編輯的字元，選取好文字之後再進行字
型、大小、…等調整。

1 選取部份內容　　　　　**2** 設定文字屬性

只修改了選取的
部份,其餘不變

設定文字的格式及對齊方式

要為文字加粗、讓文字變斜體或是為文字加上底線,請先選取要修改的
文字,然後在**編輯**頁次中設定:

粗體　　　斜體　　　加底線

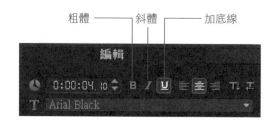

　　當同一組標題包含多行文字時，你可能會需要調整文字的對齊方式，請先選取文字物件，然後在**編輯**頁次中設定：

由此設定段落的對齊方式
(必須是同一組標題才有作用)

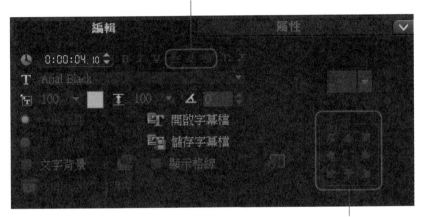

選定文字後按下此區的按鈕，
可設定文字在畫面中的位置

設定文字的外框、陰影與透明度

　　要讓文字更有立體感，你還可以將文字設成外框字、為文字加上陰影及設定透明度。請先選取要編輯的文字，然後按下**外框/陰影/透明度**鈕，開啟交談窗來設定：

● **外框及透明度**：設定文字的外框時，請切換到**外框**頁次：

勾選此項，文字將
會變成完全透明，
原本設定的文字
色彩將沒有作用

調整文字的透明度，
設為 99 (最大值)
時，文字最透明；0
則完全不透明

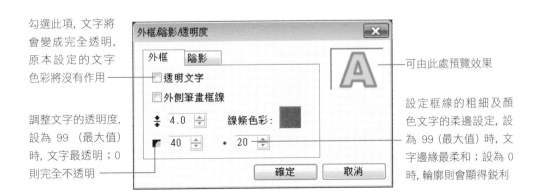

可由此處預覽效果

設定框線的粗細及顏
色文字的柔邊設定，設
為 99 (最大值) 時，文
字邊緣最柔和；設為 0
時，輪廓則會顯得銳利

勾選透明文字, 文字變透明, 只顯示外框色彩

將文字的透明度設為 40、柔邊設為 20, 文字上會透出影片內容

● **陰影**：設定文字的陰影時, 請切換到**陰影**頁次：

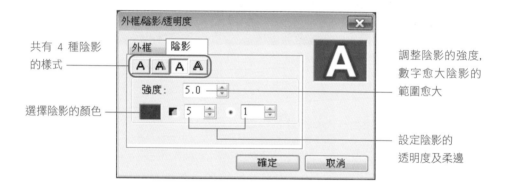

共有 4 種陰影的樣式

選擇陰影的顏色

調整陰影的強度, 數字愈大陰影的範圍愈大

設定陰影的透明度及柔邊

「多重標題」和「單一標題」

會聲會影的標題文字有兩種, 一種是多重標題, 另一種為單一標題。多重標題的好處是可以分別設定多個文字物件的大小、顏色、外框、陰影、透明度、…等, 而且每一組標題都可以任意移動位置；而單一標題雖然可以按下　鍵來換行, 也可以個別選取單字更換大小、色彩, 但是文字會顯示在整個畫面, 無法移動位置, 使用上較不彈性。

7-4 | 將產品照片套用動態路徑效果

產品是廣宣中的主角, 只是單純放上照片實在太過平淡, 可以利用會聲會影的路徑功能, 讓產品照「動」起來。

接著我們可以將產品照放置到 Flash 動畫中, 這裡要注意的, 由於我們是把 Flash 動畫當背景, 產品照要「疊」在 Flash 動畫之上, 因此插入相片時, 要選擇放在**視訊軌**下方的**覆疊軌**, 然後再套用動態路徑效果：

1 先將準備好的產品照匯入到**素材庫**中

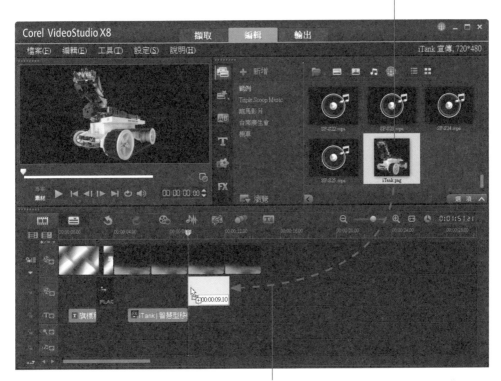

2 拉曳到 Flash 動畫下方的**覆疊軌**

3 按下**路徑**鈕　　　　　　　**4** 選擇此項目

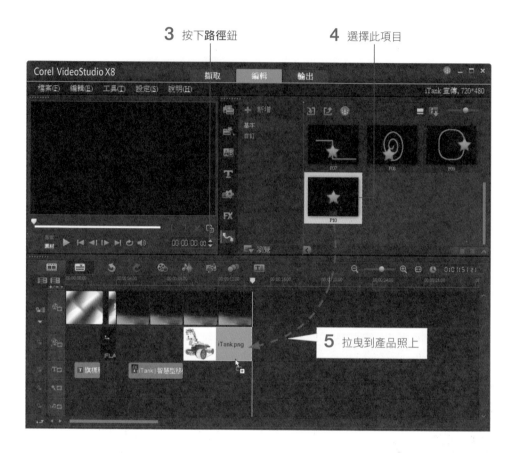

5 拉曳到產品照上

6 原先的路徑效果產品照會縮小、消失, 因此請在產品照上按右鈕, 選擇**自訂路徑**

預設只會放大到 50 %，如果覺得照片太小，可更改此處的縮放比例

7 在第 3 個主畫格上按右鈕

8 執行此命令，就會將設定複製到最右邊的主畫格，讓產品照維持在畫面中

按**確定**鈕套用完成，產品照會在 Flash 動畫上，由小至大、翻轉出現，並加上影子效果

利用 PowerPoint 做照片標示

若您需要在影片中的強調產品照片中的某些部位, 雖然也可以在會聲會影中插入物件來做標示, 不過可能會是事倍功半, 建議先利用其他軟體在照片上做編修後再匯入會聲會影會簡單得多。

例如需要在本例的產品照片上標示出 4 個不同的元件部位, 並說明其功能和特色, 筆者是利用 Power Point 標示好之後, 再一併轉存成圖檔後匯入會聲會影, 提供您做參考:

1 按住 **Ctrl** 鍵選取照片、標示線和說明文字

2 按滑鼠右鈕執行此命令, 即可轉成 PNG 圖檔

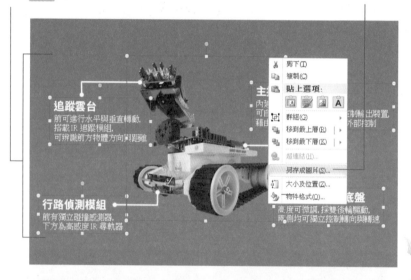

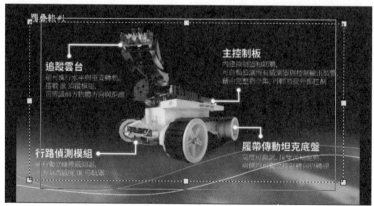

接著就可以匯入到會聲會影中使用了

7-5 | 為產品文案加上字幕跑動效果

接著我們要讓標題文字動起來, 為文字套用動畫效果。會聲會影提供 8 種文字動畫供我們使用, 而每一種動畫效果還有多種預設樣式可供選擇, 以下我們就來看看如何為文字套用動畫吧！

套用動畫效果

如果除了產品照片外, 還需要文字補充介紹產品的特點時, 可以用簡單條列的文字, 並可以加上簡單的跑馬燈效果, 營造類似電影片尾的謝幕文字一般：

1 雙按預覽畫面, 貼上產品文案內容

2 在 **選項** 面板設定好適當的樣式

4 勾選此項　　**5** 選取 **飛翔** 效果　　**3** 切換到 **屬性** 頁次

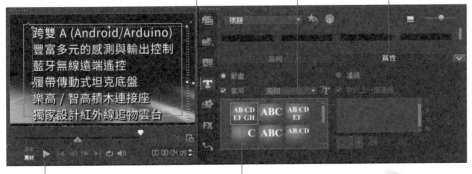

按此可試播效果　　**6** 點選此項目

接著標題文字就會如同電影謝幕文字一般, 往上跑動

設定動畫屬性

在套用動畫效果後, 如果對於移動的方向、速度不滿意, 還可以按下**自訂動畫屬性**鈕, 針對該動畫效果進行細部設定。由於每一種動畫效果的設定內容不同, 我們以**飛翔**動畫為例:

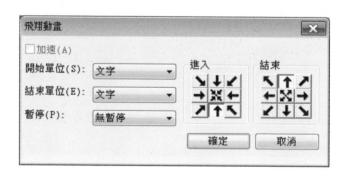

其中**單位**選項是最常出現的, 我們特別為你說明:

單位	說明
字元	每次只變化一個英文字元, 只適用於英數字和符號。套用在中文字時則與 "字" 的效果相同
字	每次變化一個完整的單字, 或一個中文字
行	每次變化一行文字, 適用於多行文字的畫面
文字	所有的文字會同時變化

7-6 │ 快速複製標題文字的樣式

使用情境可以讓觀眾更了解產品的特色,可以搭配簡單的文字說明,再透過動畫來表現,效果將更為出色。

加入使用情境影片

首先我們先將產品的使用情境影片加入到**視訊軌**中, 本例共會插入 iTank-sample01~ iTank-sample06 等 6 段影片,請依序加入到視訊軌中:

插入到**視訊軌**中的使用情境影片, iTank-sample04 的長度較長,
使用**多重修剪視訊**功能剪成兩段,共有 7 段影片

添加文字背景

為了讓觀眾更清楚產品使用情境的內容, 我們要在每一段情境影片中加入說明文字。請直接移到要加入文字的時間點,直接輸入標題文字:

1 雙按預覽畫面
輸入標題文字

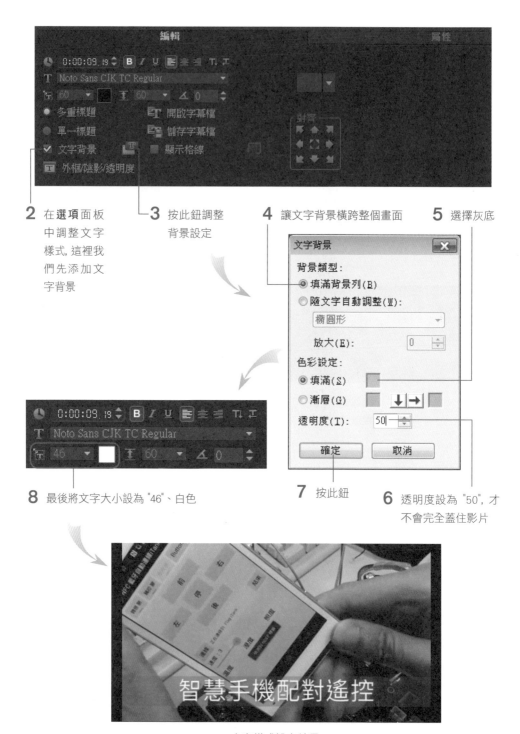

2 在**選項**面板中調整文字樣式, 這裡我們先添加文字背景

3 按此鈕調整背景設定

4 讓文字背景橫跨整個畫面

5 選擇灰底

8 最後將文字大小設為 "46"、白色

7 按此鈕

6 透明度設為 "50", 才不會完全蓋住影片

文字樣式設定結果

複製文字樣式屬性

其他情境影片也可以相同方式加入標題文字，樣式可以直接套用剛剛設定好的，不用全部從頭設一次：

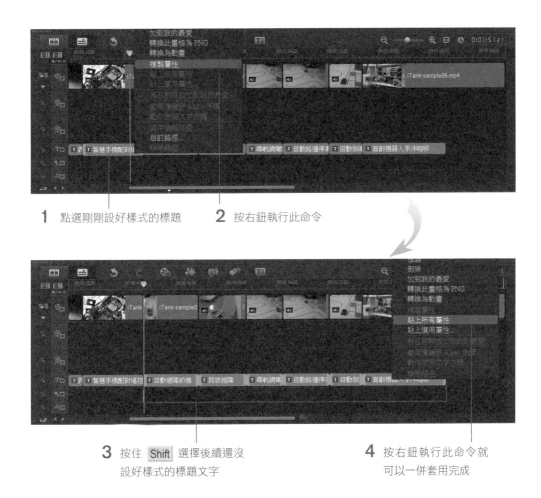

1 點選剛剛設好樣式的標題　　**2** 按右鈕執行此命令

3 按住 Shift 選擇後續還沒設好樣式的標題文字

4 按右鈕執行此命令就可以一併套用完成

垂直文字

前面示範的標題文字都是橫式的，如果遇到影片內容不適合打上橫式字幕，會聲會影也提供垂直文字樣式。此處 iTank-sample02 影片是垂直前進，因此我們將標題改為垂直文字：

2 在預覽窗格中重新調整文字位置 　　**1** 點選標題文字, 在選項窗格中勾選

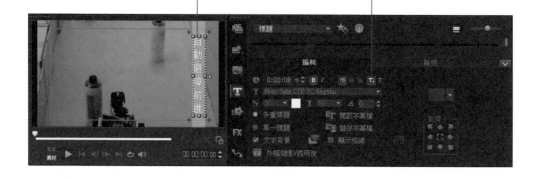

　　一般來說, 垂直文字可容納的文字數量較少, 因此文字的尺寸不適合太大, 必要時請斷行, 避免文字被截掉。

只複製部份屬性

前面在複製標題文字樣式時, 您可能會遇到, 本來已經擺好位置的文字, 經過**貼上所有屬性**之後, 標題文字的位置跑掉了。這是應該素材的位置也是屬性的一部分, 而且是指文字開始的位置, 因此複製所有屬性後, 標題文字的起點位置就有可能會改變。

要避免這個問題, 又不想重頭一個素材、一個素材設定, 可以在**複製屬性**後改執行**貼上所選屬性**, 然後取消**位置**屬性, 就可以解決這個問題了。

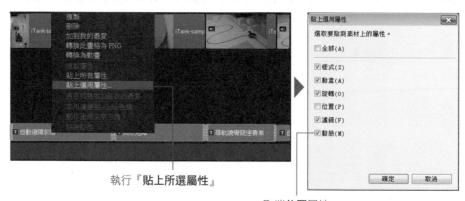

執行『**貼上所選屬性**』

取消**位置**屬性

7-7 | 片尾停格顯示聯絡資訊

到此產品廣告差不多已經完成, 最後完成的影片長度最好不要超過 3 分鐘, 片尾可以再將公司的名稱和 Logo 再秀一次, 頭尾呼應更顯得專業。

　　最後別忘了務必在片尾留下聯絡資訊, 讓有興趣的觀眾可以跟您聯絡, 不然整段影片就白做了。

　　由於聯絡資訊很重要, 在片尾動畫跑完後, 我們可以讓畫面多停一會兒, 讓相關資訊可以更清楚的呈現, 因此我們會利用會聲會影擷取畫面的功能, 讓文字靜態顯示：

1 移到影片最後

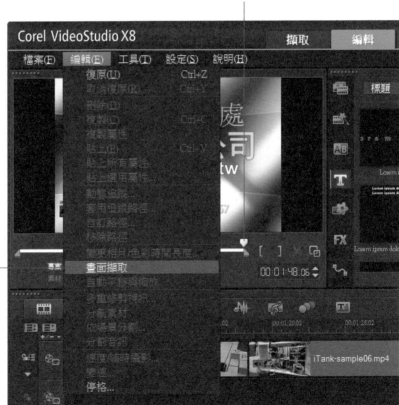

2 執行此命令可擷取最後一個畫格

片尾務必留下聯絡資訊

4 設定顯示 5 秒
即大功告成

3 將素材庫剛剛擷取的圖
片再拉曳到影片之後

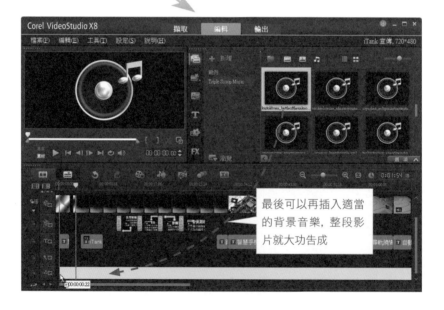

最後可以再插入適當
的背景音樂，整段影
片就大功告成

　　之後可參考第 4 篇的內容，將專案輸出成影片檔，再 po 到社群網站上
曝光，就可以輕鬆達到廣告行銷的目的囉！

08 覆疊、合成效果：
自拍 MV 微電影

微電影是這幾年興起的戲劇呈現方式，好的微電影當然要有劇本、演員甚至專業攝影、造型師的幫忙，一般人不太容易同時掌握這些資源，不過若能以拍攝歌曲 MV 做為主軸，穿插符合歌詞內容的片段，還是可以製作出值得觀賞的自拍微電影。

本章重點：

- 字幕的編輯與取得
- 利用覆疊效果製作 KTV 字幕效果
- 使用 Flash 動畫讓影片更活潑
- 加入逗趣的漫畫式對白
- 替影片加上創意外框
- 重疊兩段影片的播放
- 用濾鏡讓覆疊更多變
- 將影片的聲音獨立出來，配上其他影片素材
- 在影片上添加大頭貼手繪效果
- 讓玩具動起來的「停格動畫」
- 製作藍、綠幕去背的合成影片

8-1 | 字幕的編輯與取得

前一章已經介紹過標題文字的使用,這一節會進一步介紹較複雜的字幕處理。

　　MV 中除了歌曲外, 不可或缺的就是歌詞內容, 讓觀眾們可以跟著歌曲哼唱。本節會提供幾個編輯歌詞或字幕的技巧。

字幕編輯器

　　由於文字是影片後製時非常重要的部份, 會聲會影特別設計了**字幕編輯器**的功能, 可以幫我們自動分析影片內容, 建議放置文字的時間點。雖然因影片複雜度不一, 建議的時間點或許有所偏差, 但是此功能無非是希望使用者可以專注在構思文字內容, 可以多加利用!

2 按下此處的**字幕編輯器**鈕

1 首先將視訊檔加入**視訊**軌中,並點選該視訊檔

4 分析之後, 在右邊窗格會顯示可能需要字幕的時間點

3 我們直接按下**掃描**鈕, 讓會聲會影幫我們分析影片內容

分析完畢後，可以一邊播放影片，一邊輸入字幕內容：

1 點選字幕區段　　**2** 然後按此鈕播放
　　　　　　　　　　　此時間內影片

這兩項可以刪
除或新增字幕

3 在此輸入字幕內容

　　依照上圖的步驟，可以依序將影片字幕建立起來。不過實際使用過您會發現，**字幕編輯器**的**掃描**功能，是判斷影片中的聲音，只要有聲音就會當作是字幕顯示點，因此掃描之後還需要花不少時間調整，不過若影片中需要手動輸入大量字幕，仍不失為一個建立字幕的方便工具。

　　這裡我們要製作 KTV 字幕，稍後會直接下載現成字幕檔來套用、編輯，操作上會快得多。

下載現成的字幕檔

　　會聲會影支援匯入現成的字幕檔案，常見的 .lrc、.srt 字幕檔都可以直接匯入影片中套用。這裡我們要製作 KTV 字幕，您可以到網路上尋找歌曲歌詞的字幕檔，字幕檔案中除了歌詞內容外，連時間點都標示好了，匯入之後，頂多只需要稍稍調整時間軸，操作步驟方便許多。

> **Tip** 歌詞的字幕檔案多半是 .lrc 格式，若是需要匯入電影的台詞，則可以搜尋 .srt 字幕。

　　網路上有許多歌詞網站，只要輸入歌曲名稱，應該不難找到對應的 .lrc 字幕，不過有些網站是直接提供 .lrc 字幕內容，需要自己另外存檔：

4 切換到**所有檔案**　　**5** 在此輸入檔案名稱，　　**6** 按此存檔即可
　　　　　　　　　　　　　　檔名後請加上 .lrc

配合歌曲調整字幕時間

　　取得 .lrc 字幕後，可以匯入到**字幕編輯器**中再行調整。這裡我們是搭配範例 Ch08-sample02 的影片：

1 按下此鈕

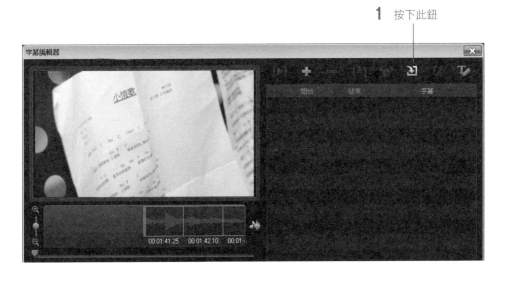

3 按此鈕載入
字幕

2 選擇剛剛存檔好
的字幕檔案

7 都調整完畢後, 請
務必按此鈕匯出另
一個字幕檔

6 預設的字幕文字較
大, 可按此鈕調整
文字大小與樣式

5 若字幕出現點有偏差,
可直接調整時間

4 接著就可以看到
字幕內容囉!

有時候不同版本的歌曲，歌詞時間點會有一些差異，最好能重頭播放一次，確定字幕和歌曲都有對應到，再調整字幕的文字樣式，最後務必要將修改過的字幕再匯出儲存，稍後必須再次匯入才能製造出 KTV 字幕效果。

Tip 由於原曲太長，本範例只節錄歌曲中的一段。

字幕編輯器的注意事項

字幕編輯器雖然可以讓您很方便編輯字幕，不過若**標題軌**中已經存有任何標題或字幕，使用上有兩點要特別注意：

- **字幕編輯器**並無法調整任何原有的標題或字幕，只能自行從標題軌中調整每一個字幕的內容或設定。

- 利用**字幕編輯器**建立新字幕時，會放在新增的**標題軌**中，若原來已經有兩個**標題軌**，則會放在**覆疊軌**中。

從標題軌匯入字幕的作法

字幕檔案除了從**字幕編輯器**中匯入外，也可以直接從**標題軌**匯入，不過匯入之後字幕的樣式需要自行調整，或者參考以下做法，同步複製字幕的樣式和位置：

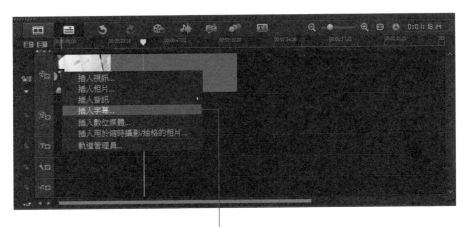

1 在**標題軌**上按右鈕執行此命令

Next

3 按此鈕載
入字幕

2 選擇字幕檔案

可以直接在此先
調整好字幕樣式

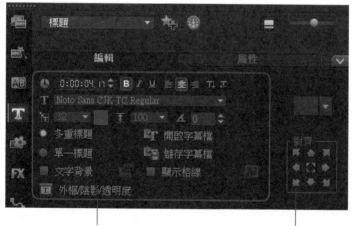

4 調整字幕的樣式

5 字幕位置請選擇靠左下對齊

Next

6 在調整好的字幕上按右鈕執行此命令

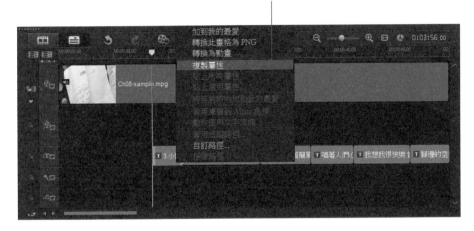

8 按右鈕執行此命令，
即可統一字幕樣式

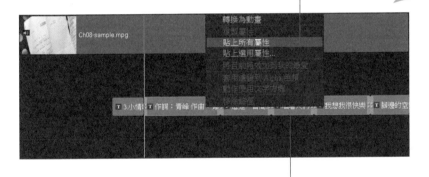

7 選取其餘所有字幕

由於複製樣式時，字幕位置會以起點座標進行設定，而非對齊方式，必須設為靠左對齊，讓字幕都從最左邊開始顯示，這樣才有一致性的呈現，置中或靠右都不行。

8-2 | 利用覆疊效果製作 KTV 字幕效果

覆疊軌讓會聲會影不只是一套影片剪輯軟體，更是影音藝術的創作工具，可以賦予影片等各種多媒體完全不一樣的面貌，從本節開始我們將逐一揭露它無所不能的應用。

認識覆疊軌

在開始影片改造計劃之前，請先切換至**時間軸檢視**模式，我們來認識一下**覆疊軌**的位置及功能。在**時間軸檢視**模式下共有**視訊軌、覆疊軌、標題軌、語音軌**及**音樂軌**，提供使用者放置各種組合成專案的素材，其中**視訊軌**和**覆疊軌**都可放置影片素材，兩者到底有什麼不同呢？

視訊軌是用來放置專案主要的播放內容，而**覆疊軌**的素材將與**視訊軌**同時播放。舉一個常見的例子，就像我們常在新聞節目看到的子母畫面，當主播在播報新聞時，畫面上同時會有新聞標題，後方則有新聞畫面，加深觀眾對此新聞的印象。

多部影片或素材重疊顯示時，還可以自行選擇重疊的效果，共有 6 個選項：

● **彩度鍵**：**覆疊軌**上的素材中，含有某個顏色的部分變成透明，通常可用來製作去背合成效果。

● **遮罩畫格**：將**覆疊軌**上的素材裁成固定的外框形狀，您可自行挑選適合的外框樣式。

● **視訊遮罩**：將**覆疊軌**上的素材套用動態的外框，會有類似轉場的效果。

● **灰色鍵**：**覆疊軌**上接近灰色的部分會變成透明，只保留下彩度較高的影像。

● **相乘**：將**覆疊軌**和**視訊軌**的素材各自透明化再重疊，可以調整素材透明化的比例。

● **新增鍵**：將**覆疊軌**的色彩加到**視訊軌**素材上，呈現效果像是將**覆疊軌**素材刷白後進行合成。

彩度鍵

遮罩畫格

視訊遮罩

灰色鍵

相乘

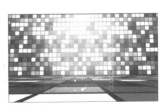
新增鍵

將字幕移動到覆疊軌上

先前字幕都準備好之後，接著我們就要著手讓字幕有 KTV 般導唱效果。請先將目前字幕設定為藍色，再複製到**覆疊軌**上：

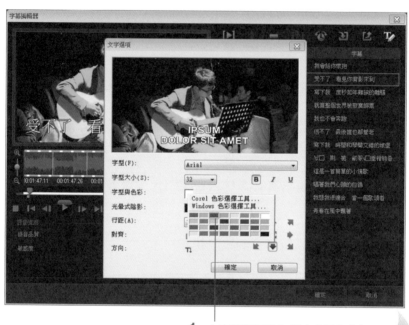

1 在**字幕編輯器**中, 將字幕設為藍色

3 將字幕移動到上方的**覆疊軌**

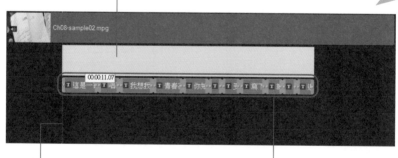

注意這裡的時間軸標線要一致, 不要讓先前設好的歌詞時間點跑掉了

2 匯入到**標題軌**後, 用 `Shift` 鍵選取**標題軌**所有字幕

> **Tip** 在**字幕編輯器**中設定好之後, 請勿再個別變動單一字幕的樣式或位置, 以免等一下字幕合成時會對不準。

再次匯入字幕, 並設為白色字

　　接著請再次匯入字幕, 不過這次要設定為白色字, 位置則一樣要指定為**靠左下方對齊**:

1 按此匯入字幕

2 按此鈕調整
文字樣式

其餘設定都要和之
前藍色字幕相同

3 將文字顏色
改為白色

4 靠左下方
對齊

5 按此鈕儲存

將字幕覆疊並套用轉場效果

白色字幕也匯入好之後，接著請將選取所有白色字幕，並移到**覆疊軌**上，讓兩個顏色的字幕重疊再一起，最後套用轉場特效，就可以有類似 KTV 的導唱效果：

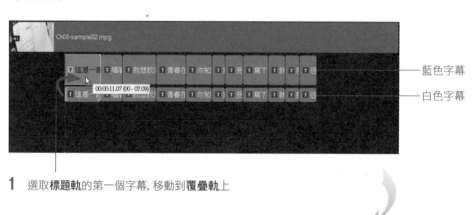

藍色字幕
白色字幕

1 選取**標題軌**的第一個字幕, 移動到**覆疊軌**上

2 按下**轉場**鈕　　　**3** 切換到**擦拭**　　　**4** 選取**單向**

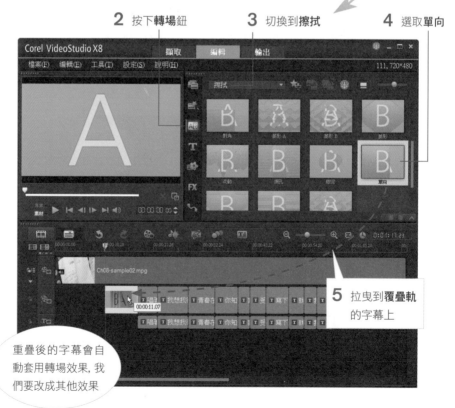

5 拉曳到**覆疊軌**的字幕上

重疊後的字幕會自動套用轉場效果, 我們要改成其他效果

6 其餘字幕也請一個一個移到**覆疊軌**，
並套用『**擦拭 / 單向**』的轉場特效

成功營造 KTV 字幕的導唱效果了！

Tip 市售的 KTV 字幕效果，是利用專業軟體一個字一個字調校出來，因此每個字還能配合歌曲節奏來顯示。這裡我們雖然只能做到一句一句變色、無法細部調整，不過作業方式簡單許多，用於家庭自製的 KTV，應該也會有不錯的輔助導唱的功能。

自製的 KTV 雖
然 沒 法 像 市 售
KTV 伴唱帶一樣
專 業，但 也 有 不
錯的導唱功能

8-3 │ 使用 Flash 動畫讓影片更活潑

我們還可以加上很多有趣的 Flash 動畫物件, 像是幫賽跑第一名的兒子加上皇冠、替愛唱歌的媽媽加上拍手畫面..., 都可以為影片添加不少笑料。

這裡我們繼續來加強先前自拍 MV 的內容, 在影片中的適當位置插入 Flash 動畫, 讓影片內容更豐富。新增的 Flash 動畫同樣要放在**覆疊軌**上, 才能同步顯示於 MV 畫面中。

套用內建的 Flash 動畫

首先我們在開場獨奏的部分, 加入一些浪漫的背景動畫, 更符合歌曲深情的氣氛:

1 按圖形鈕   **2** 切換至 Flash 動畫素材庫

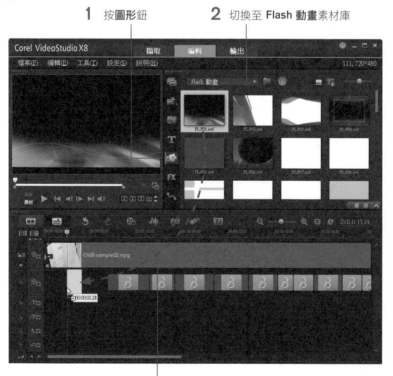

3 拉曳動畫到**覆疊軌**上

此動畫是全螢幕不須調整, 可直接觀看播放效果

在套用 Flash 動畫時, 由於動畫內容是固定的, 直接拉長播放時間, 會讓動畫變慢, 所以若套用的 Flash 動畫時間較短, 請重複加入相同的 Flash 動畫, 使其可連續播放。

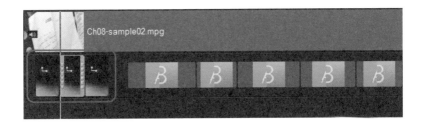

套用光碟內的 Flash 動畫

除了會聲會影預設的 Flash 動畫中, 本書光碟中也有提供 Flash 動畫, 您也可以將其中的動畫匯入**素材庫**, 再套用在影片上。請先將光碟中的 Flash 動畫儲存到硬碟中, 以便將素材匯入會聲會影中。

1 切換至 **Flash 動畫**素材庫　　　**2** 再按下**新增**鈕

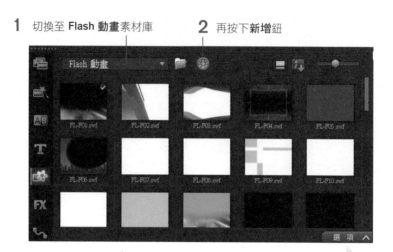

3 切換至儲存 Flash 動畫的資料夾　　**4** 選取要匯入的檔案

5 按下**開啟舊檔**鈕

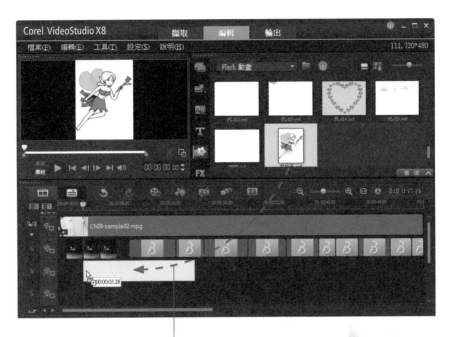

6 喜歡的 Flash 動畫拉曳至**覆疊軌**

7 直接在**預覽**窗格中調整動畫的位置及大小即可

8-4 | 加入逗趣的漫畫式對白

在播放影片時, 除了會加入標題文字外, 也可以加入一些泡泡、箭頭等漫畫式的內容, 再加上詼諧的文字, 更能提高影片的趣味性。

插入對白物件

請先在**圖形**素材庫中選擇適當的對話框物件, 再拉曳到**覆疊軌**上運用:

1 按**圖形**鈕

2 選取此物件, 拉曳到**覆疊軌**上

3 調整物件的播放長度

4 在**預覽**視窗調整物件的大小及位置

5 按下**標題**鈕

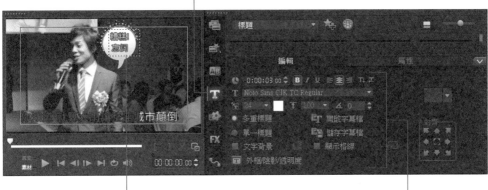

7 在畫面中雙按，出現
插入點後輸入文字

6 可利用**選項**面板設定文
字的大小、顏色及字型

　　輸入完成，請按一下文字範圍以外的地方，結束編輯狀態，然後將文字移至對話框內即可：

　　除了漫畫式的對話框外，還有許多可加在影片上的圖案，例如：棒球帽、足球...等，都可搭配出不錯的效果。

將物件套用路徑效果

用漫畫式對話框時, 畫面中的人物如果正在走動, 對話框位置如果跑掉沒對準, 這樣的影片相信會讓人覺得很糟。因此插入物件後, 最好再搭配**自訂路徑**功能, 讓物件能跟著說話的對象來移動:

1 點選對話框物件　　　　　　**2** 按滑鼠右鈕執行此命令

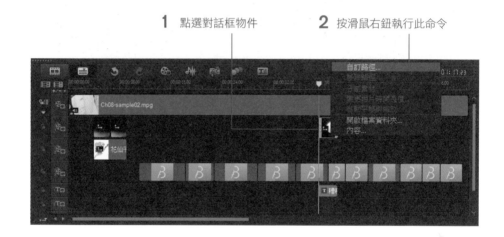

4 當對話框位置不對時, 放開滑動桿

3 拉動播放滑動桿

5 移動物件到正確的位置

也可以在此旋轉對話框

6 移動物件後會自行新增主畫格

7 依照相同方式，持續調整對話框位置建立主畫格

8 按此鈕確認，就可以讓物件從頭到尾都跟著人物

8-5 | 替影片加上創意外框

如果覺得畫面中光是只有影片很乏味, 我們可以利用會聲會影內建的外框來做變化, 只要一個簡單的步驟, 就能讓你的影片更生動。

套用基本外框

會聲會影內建許多創意外框, 讓我們任意搭配影片、相片播放, 組合出豐富的畫面:

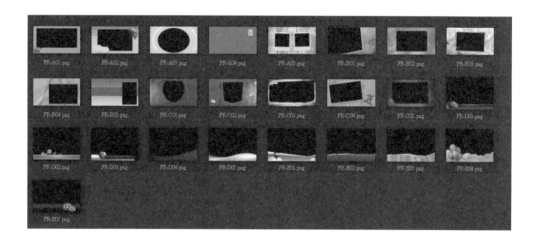

由於覆疊的內容必須在**時間軸檢視**模式下才能設定, 所以請先切換至**時間軸檢視**模式, 然後將要套用外框的影片拉曳到**視訊軌**上:

1 按圖形鈕　　　**2** 選擇**外框**素材庫　　　**3** 選擇一種外框效果

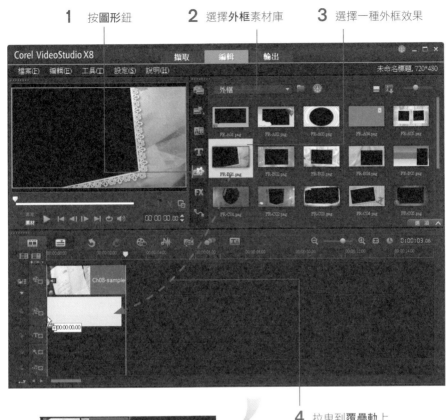

4 拉曳到**覆疊軌**上

5 將外框的長度拉曳至與影片等長，讓整段影片都套用外框

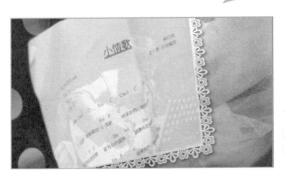

將**預覽**視窗切換至**專案**模式，再按下**播放**鈕來預覽效果

調整影片以符合外框的形狀

在會聲會影中外框的形狀五花八門，雖然都能顯示影片的內容，不過顯示的範圍有大有小，總會遇到影片的主要畫面卻被外框擋住的狀況，或者外框是傾斜的，影片卻還是正常播放，風格很不一致。這時就可調整素材的形狀，以符合外框樣子來播放影片。

顯示格線

由於要讓影片能隨著外框變形，所以我們要先查看外框的位置，再來調整影片。請先選取**覆疊軌**上的素材，再按下**選項**面板中**屬性**頁次的**顯示格線**項目：

3 **預覽**視窗會顯示
藍色的格線

4 記住影片要調整到什麼位置，
記得約略的位置即可

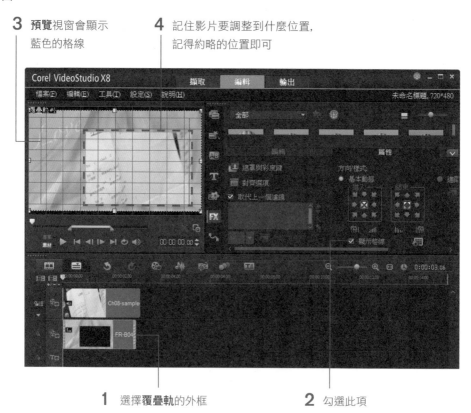

1 選擇**覆疊軌**的外框

2 勾選此項

萬一影片的內容與格線顏色太接近，或是格線的大小不符合需求時，可按下**選項**面板上的**格線選項鈕** ，開啟如下的交談窗進行設定：

調整格線的大小

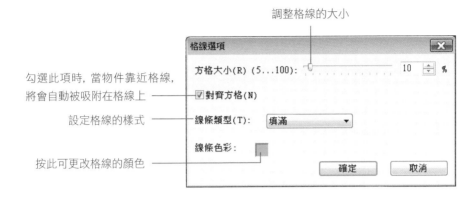

勾選此項時，當物件靠近格線，
將會自動被吸附在格線上 —— 對齊方格(N)

設定格線的樣式 —— 線條類型(T)：

按此可更改格線的顏色 —— 線條色彩：

調整影片外觀

選取**視訊軌**上的影片，將**選項**面板切換至**屬性**頁次，勾選**素材變形**及**顯示格線**選項，就可以由**預覽**視窗來調整影片的外觀：

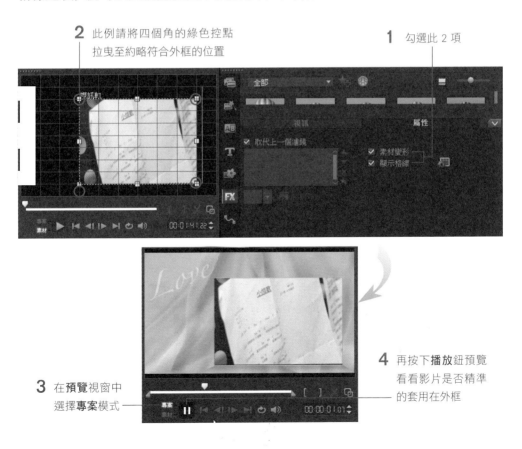

2 此例請將四個角的綠色控點
拉曳至約略符合外框的位置

1 勾選此 2 項

3 在**預覽**視窗中
選擇**專案**模式

4 再按下**播放**鈕預覽
看看影片是否精準
的套用在外框

如果尚未對準，請重複以上的步驟進行調整。

8-6 重疊兩段影片的播放

先前我們雖然利用覆疊軌, 讓兩種以上素材同時呈現, 不過都只是讓靜態的素材在影片上呈現。其實覆疊軌真正強大之處, 在於兩段以上影片的重疊播放, 本節就為您示範其應用方式。

讓兩段影片重疊播放

接著我們要在原來的影片上, 再重疊播放另一段影片, 營造類似子母畫面的效果。請將視訊檔案 Ch08-sample02 拉曳到**視訊軌**中, 然後將 Ch08-sample03 拉曳到**覆疊軌**：

1 將範例檔 Ch08-sample02 新增到**視訊軌**

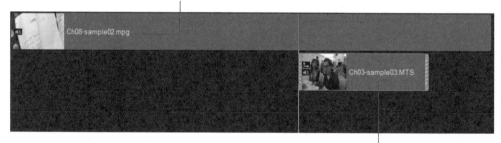

2 將另一範例檔 Ch08-sample03 拉曳到**覆疊軌**

3 點選**覆疊軌**的影片後, 拉曳控點調整影片的大小

4 將影片放置到適當位置

5 按下**遮罩與**
彩度鍵

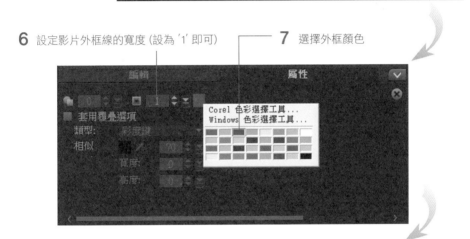

6 設定影片外框線的寬度 (設為 '1' 即可)　　　**7** 選擇外框顏色

最後在**預覽**窗格中觀看效果

讓兩段影片同時播放

在選擇會聲會影的外框時，會發現有外框有兩個缺口，其實那就是要讓您同時播放兩段影片。

增加覆疊軌的軌道數量

由於接下來同時間會有外框和兩段影片，總共 3 個素材要重疊，會聲會影預設只有一個**覆疊軌**，加上原有的**視訊軌**，只能放置 2 個素材，因此需要再擴增**覆疊軌**的數量：

1 在任意軌道空白處按滑鼠右鈕   **2** 執行此命令

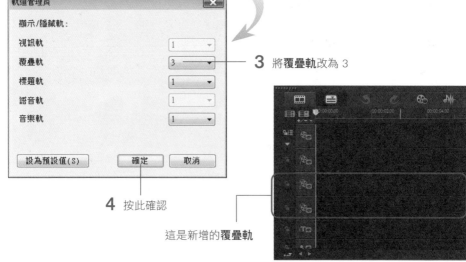

3 將**覆疊軌**改為 3

4 按此確認

這是新增的**覆疊軌**

會聲會影允許的軌道數量

會聲會影雖然允許您新增軌道, 以便同時可以容納更多素材, 不過軌道的數量是有限制的。以 Ultimate 旗艦版為例, 各類軌道的限制如下表：

軌道類別	數量
視訊軌	1
覆疊軌	20
標題軌	2
語音軌	1
音樂軌	3

將兩段影片合成到外框

在此我們要將範例視訊檔案 Ch08-sample04、Ch08-sample05, 合成到外框 (FR-A05) 中：

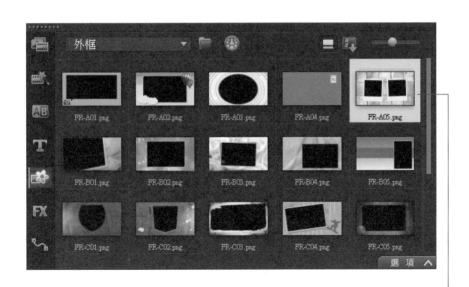

1 將此外框拉曳到**視訊**軌

3 將外框拉長到與視訊檔案等長

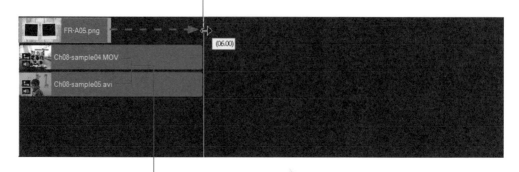

2 兩段視訊檔案則分別拉曳
到**覆疊軌 1**、**覆疊軌 2**

4 配合外框的缺口,
調整影片的形狀

最後再加上標題的實際播放效果

8-7 | 用濾鏡讓覆疊更多變

先前幾節，您已經看到會聲會影覆疊功能的豐富多變了。接下來我們要再結合濾鏡，利用覆疊技巧創造不同的效果。

接著我們要利用濾鏡加上覆疊的變化，營造周圍黑白、只有主角有色彩的聚焦效果，用在自製 MV 上會非常貼切。

修剪要凸顯的影片段落

由於特效不適合套用於整段影片，因此請先將影片要營造聚焦效果的片段分割出來後，再複製到**覆疊軌**上進行操作。此處仍是沿用先前的 Ch08-sample02：

1 先將要製作特效的片段分割出來

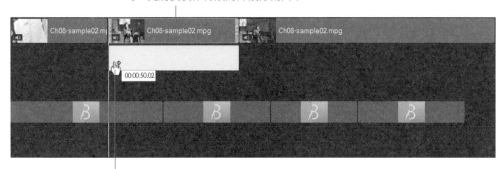

2 複製影片片段到**覆疊軌**上

將**覆疊軌**影片的大小調整成覆蓋整個畫面

套用單色特效到影片上

接著我們要先將**視訊軌**上的影片套用**單色**特效，讓影片先呈現黑白效果，之後再上色就會特別凸顯：

1 按下**特效**鈕　　　　　　　　　　　　　　**2** 選擇**單色**

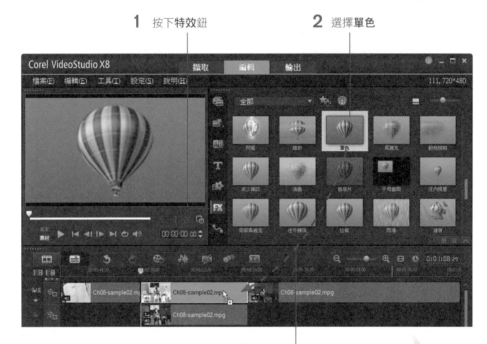

3 拉曳到**視訊軌**上的影片

將影片套用成黑白效果

套用光線特效到影片上

在會聲會影中，有好幾個特效都有聚焦的效果，這裡我們選用的是**光線**特效。請將**光線**特效拉曳到**覆疊軌**的影片上，凸顯畫面中的主角：

1 按下**特效**鈕   **2** 選擇**光線**

3 拉曳到**覆疊軌**的影片上

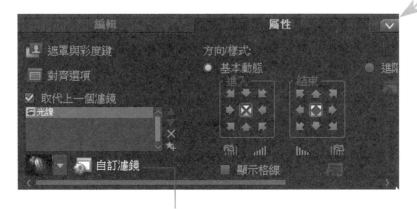

4 點選**選項**面板的**自訂濾鏡**

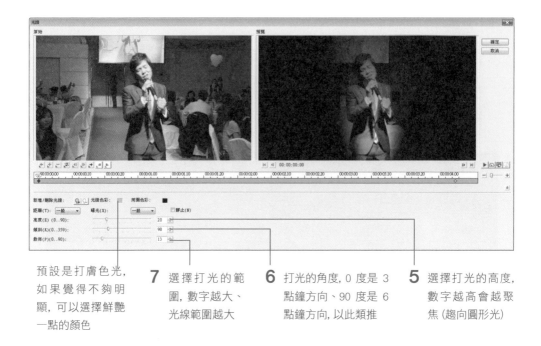

預設是打膚色光，如果覺得不夠明顯，可以選擇鮮艷一點的顏色

7 選擇打光的範圍，數字越大、光線範圍越大

6 打光的角度，0 度是 3 點鐘方向、90 度是 6 點鐘方向，以此類推

5 選擇打光的高度，數字越高會越聚焦 (趨向圓形光)

　　打光的設定主要是依照影片畫面來調整，主角太暗或太亮都不合適，這裡我們依照影片現場光線，選擇 90 度打光 (下方打光)、高度設為 20、範圍調整為 13，供您參考。

　　此光線特效一樣可以透過設定畫格來變化光線，必要時可新增畫格，精確控制打光效果：

2 按此鈕新增主畫格

1 移到需要調整光線效果的時間點

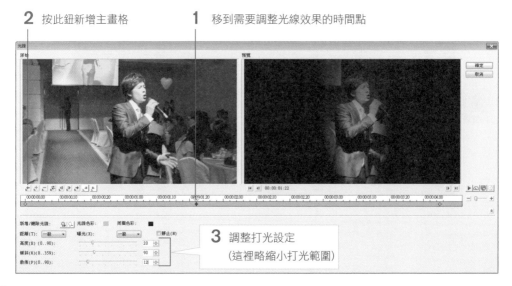

3 調整打光設定
(這裡略縮小打光範圍)

6 最後按此鈕確定即可

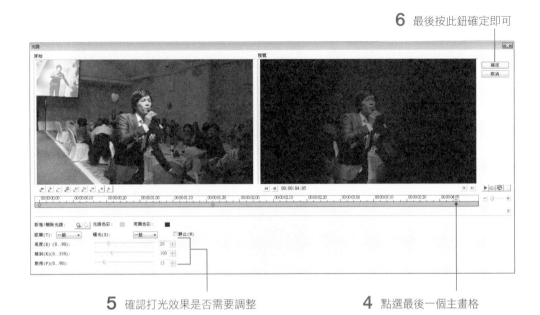

5 確認打光效果是否需要調整

4 點選最後一個主畫格

利用覆疊效果合成影像

視訊軌和**覆疊軌**都分別套用特效後，接著只要調整**覆疊軌**的遮罩選項，就可以有局部上色的合成效果：

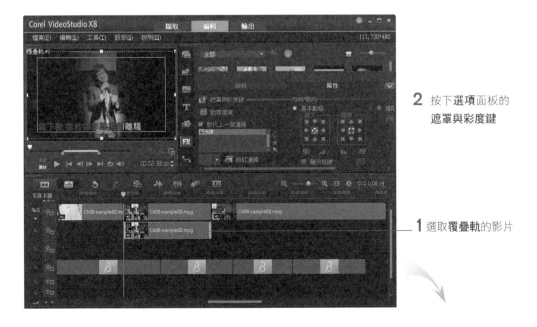

2 按下**選項**面板的
遮罩與彩度鍵

1 選取**覆疊軌**的影片

3 勾選此多選鈕　　**4** 選擇**新增鍵**　　**5** 此處可以調整合成的效果, 您可以自行調整, 不過對合成效果的影響有限

最後可以預覽播放合成後的效果

將字幕移到影片覆疊軌之後

利用覆疊製作影片合成特效時要注意, 如果是像本例一樣, 字幕也會使用覆疊合成效果, 字幕所在的**覆疊軌**必須移到影片**覆疊軌**之後, 才不會因為覆疊的設定影響字幕的顯示。

字幕在影片**覆疊軌**之前, 會被覆疊合成干擾

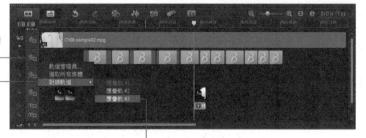

1 在字幕**覆疊軌**的圖示上按右鈕

2 執行此命令

3 選擇與影片**覆疊軌**更換位置

更換軌道位置到最後面的**覆疊軌**, 就不用擔心字幕會被覆疊效果影響到。

8-8 將影片的聲音獨立出來, 配上其他影片素材

有些情況, 我們想將影片中的聲音獨立出來, 例如拍攝戶外演奏會實況, 想把悅耳的音樂抽取出來當做別段影片的配樂, 這時就可以參考本節的說明。

以本節的範例來說, 內容是一段婚禮歌唱的表演, 若要搭配其他影片素材, 表演的歌曲就會被切斷, 這時候可以把整段影片的歌聲獨立出來當做背景音樂, 這樣不管是採用原素材, 或是加入新的影片, 歌聲都可以持續演唱, 這在製作個人 MV 時可是非常重要的喔！

在錄影畫面不佳, 但聲音很清晰的視訊檔中, 最適合將聲音檔分割出來再利用, 或是當你收到一個背景音樂很棒的視訊檔, 也可以將音樂分割出來, 搭配在自己的影片上哦！

1 先請開啟一個新的專案, 將 Ch08-sample08 新增至**視訊軌**。

Tip 只有**視訊軌**上的素材可以將聲音與影片分開。

2 在**視訊軌**的素材上按右鈕, 選擇『**分割音訊**』命令, 影片的聲音檔就會自動分割出來, 並置於**語音軌**中：

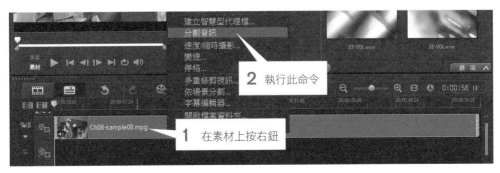

Tip 注意若原來的**語音軌**就有任何聲音素材時, 無法進行音訊分割處理。

3 接著就可以將原始的影片切割後, 插入其他素材, 原來的聲音還是會正常播放喔!

分割音訊其實只有將音訊的部分獨立出來, 原先的視訊檔案只是被靜音, 聲音、影像都還在。如果不小心將**音訊軌**上的聲音刪除了, 這時專案中會變成只有畫面沒有聲音, 只要將**視訊軌**的影片取消靜音, 就可以恢復正常囉!

8-9 │ 在影片上添加大頭貼手繪效果

會聲會影有個影片小畫家功能, 可讓您在影片或相片上任意塗鴉, 並且把繪圖的過程錄製下來儲存為動畫。

　　只要發揮您的塗鴉功力, 把錄製好的動畫和原始影片結合起來, 就能創造出獨具個人風格的有趣效果喔！

1 將想製作的影片素材放入時間軸, 接著執行『**工具/影片小畫家**』命令, 開啟影片小畫家功能

2 選擇要使用的筆刷類型

4 按此鈕開始錄製

3 用滑動桿設定筆刷大小

此為繪圖區, 預設會以**視訊軌**上的素材做為底圖

5 畫好之後, 按下
停止錄製鈕

6 錄製好的動畫會顯示在此

在影片小畫家的介面中按下**確定**鈕回到主畫面, 產生的影片會顯示在視訊**素材庫**中, 我們只要將動畫拉曳到**覆疊軌**上, 就可以和影片結合起來了:

8-10 讓玩具動起來的「停格動畫」

會聲會影的停格動畫功能，可以讓我們用 WebCam (或磁帶型 DV) 來連續擷取靜態照片，串成一系列動態的效果，讓我們在增加剪輯素材上又增加了一項選擇。

　　本節將利用玩具公仔來製作停格動畫，請先布置好玩具公仔，然後將 Webcam 或其他視訊擷取裝置接上電腦，再依照以下說明操作：

> **Tip** 本節的停格動畫會利用下一節的去背技巧，然後與其他場景合成，因此背景選用純色布幕。您也可以自行布置遊戲或模型場景，直接製作完整的停格動畫影片。

1 開啟會聲會影後，按下**擷取**鈕

2 按下**停格動畫**

會聲會影會自動偵測您的設備，若一切正常，這裡就會顯示 WebCam 鏡頭所對準的畫面

3 按此鈕擷取畫面

這裡的設定若無特別需要，建議都不用變動

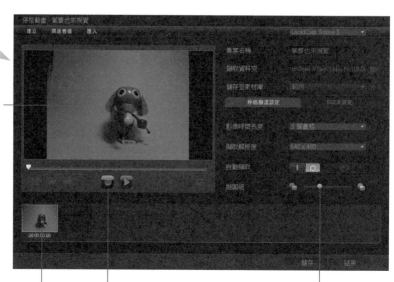

5 接著就可以開始『橋』下一個動作了,當您移動的同時,上一張擷取的照片會以殘影存在,這樣我們就可看到移動的差異性(軌跡)在哪了

剛剛擷取出來的照片會出現在這裡

6 準備好後再次按下 **擷取影像**鈕

4 將描圖紙的滑桿稍微拉向左側,方便等一下看出照片變化的軌跡

7 重複相同的步驟,擷取多張連續動作的照片

8 完成後,按下**儲存**鈕,照片合成的視訊檔就會出現在素材庫

9 最後按下**結束**鈕關閉視窗即可

8-11 | 製作藍、綠幕去背的合成影片

去背是影像處理很常使用的技巧, 平面的去背大家應該都很熟悉, 動態影片的去背就不容易了, 本節我們會說明去背的拍攝技巧, 以及在會聲會影中的相關操作。

　　目前許多電影都會加上各種類型的特效, 其中最讓人驚豔的就是真實人物和動畫的結合, 其拍攝手法通常是利用綠幕拍攝人物後, 經過去背處理再與動畫結合。這種專業電影手法, 利用會聲會影也可以做得到喔！

好萊塢電影巨大的綠幕拍攝場景

拍攝注意

首先我們來簡單說明如何拍攝出容易去背的影片：

● 背景：背景務必是純色，如果要去背的影片是拍攝人物，以藍、綠色的效果最好；如果是其他物品或動植物，要找和主角顏色反差大的較合適。建議可到布店購買適當的布料，布料的尺寸則依您使用的範圍而定，要能完全覆蓋主題，而且從畫面中完全看不到後面景物。

● 服飾或配件：拍攝主題的顏色務必避開背景的色系，例如背景選擇了藍色的布幕，服飾或配件就不要選擇藍色或有藍色的圖樣，淺藍色也應避免，在去背時才不會變成 "透明人"。

● 拍攝：攝影機最好可以腳架固定住，使其不晃動、高度最好也能固定，拍攝主題移動的範圍不宜過大，不然超過藍幕、綠幕範圍，就很容易穿幫了。主題離藍幕、綠幕也不要太近，不然光線反射到主體上泛藍或泛綠，到時候去背效果會受到影響。

設定彩度鍵進行去背

影片去背的處理，是利用**彩度鍵**的設定，將影片中某個顏色設為透明，例如：影片的背景是藍色，將**彩度鍵**設為綠色，就可以消除整個背景，達到去背的效果。接著再合成到其他影片素材中，就會產生人物實地造訪該場景的效果。

這裡我們將以上一節製作的停格動畫 Ch08-sample06 來進行去背，然後再和另一段範例影片 Ch08-sample07 合成。

1 範例影片 Ch08-sample07 拉曳到**視訊軌**　　**2** 將停格動畫影片 Ch08-sample06 拉曳到**覆疊軌**

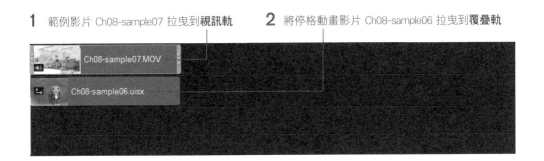

4 按下**遮罩與彩度鍵**鈕　　　　　　　　　　　　　　　　　　　**3** 選取**覆疊軌**影片，切換至**選項**面板的**屬性**頁次

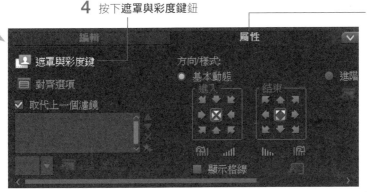

5 勾選**套用覆疊選項**　　**6** 將類型設為**彩度鍵**　　**8** 選取覆疊影片的背景，也就是要變成透明的顏色

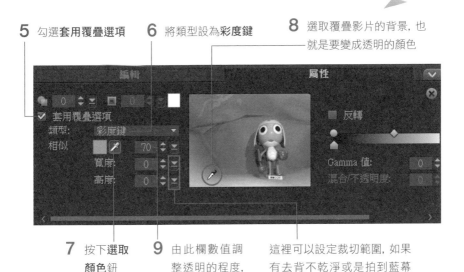

7 按下**選取顏色**鈕　　**9** 由此欄數值調整透明的程度，此例設定為 70　　這裡可以設定裁切範圍，如果有去背不乾淨或是拍到藍幕外的穿幫鏡頭，可以藉此刪除

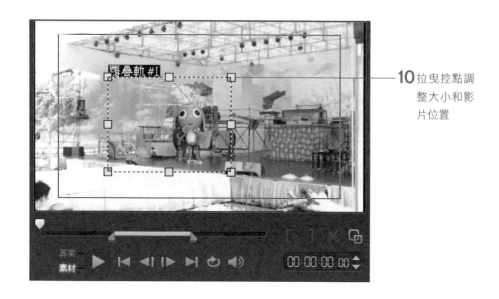

10 拉曳控點調整大小和影片位置

最後的合成效果

在設定顏色的相似程度時，數值可從 0 ～ 100。數值愈大透明的顏色範圍愈大，也就是說變成透明的顏色愈多；反之，數值愈小，變成透明的顏色就愈少，愈有可能產生背景顏色殘留的情況。

產品的去背

前一章我們示範的產品廣宣 CF，其中產品的
展示除了採用平面的去背照片外，也可以利用
本章的去背技巧，以去背的動態影片取代，更
能夠完整展現產品的特色：

1 選擇純色的背景拍
攝產品展示影片

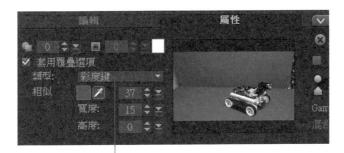

2 匯入會聲會影後，利用本節的技巧，就可以輕鬆去背

3 可以合成到任意
背景素材上

Chapter 09

縮時攝影與相片光碟：風景旅遊特輯

隨著智慧型手機的攝影效果大大提升，還有微型單眼的迅速普及，不僅隨手隨拍，而且很容易就拍出不錯的照片，不管是自拍照、文青照、還是食記，或者是旅遊、慶典、生日…等活動，這些日常生活的點點滴滴，除了上傳社群網站分享外，將照片整理成動態的影片，製作成影音相片光碟，讓你拍攝的照片能有最完美的演出。

本章重點：

● 縮時攝影：用連續照片串成流逝的動態影片

● 建立相片光碟的內容

● 平移和縮放相片濾鏡

● 建立相簿選單並進行燒錄

9-1 │ 縮時攝影：用連續照片 串成流逝的動態影片

縱使知道時光正一點一滴流逝, 但在生活中我們卻渾然不覺。透過定點、間隔拍攝的靜態照片, 將長時間記錄的影像化為動態的影片, 彷彿時光流轉的效果, 令人驚奇震撼, 這就是縮時攝影的魅力！

　　會聲會影中有個很棒的功能, 我們可以將一系列定點、間隔拍攝的照片一一串起來, 感受時間運轉的軌跡, 讓靜態的照片躍然成為動態作品。

　　首先當然要準備好照片, 請以數位相機搭配腳架, 每隔幾分鐘拍攝一張照片, 盡可能多拍幾張, 至少要拍個上百張效果會比較好, 因此能有定時拍攝器更好, 不然就得手動不斷按下快門取得照片。底下就以書附光碟 **Ch09-sample01** 資料夾中的系列照片為例, 大致示範縮時攝影的精彩效果：

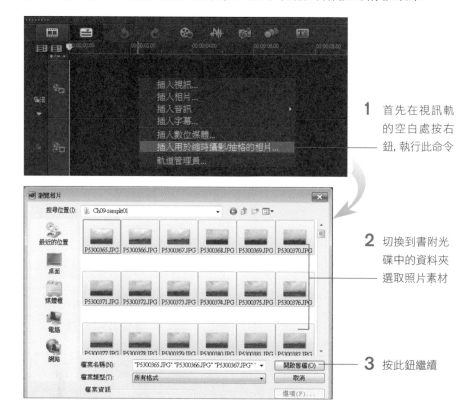

1 首先在視訊軌的空白處按右鈕, 執行此命令

2 切換到書附光碟中的資料夾選取照片素材

3 按此鈕繼續

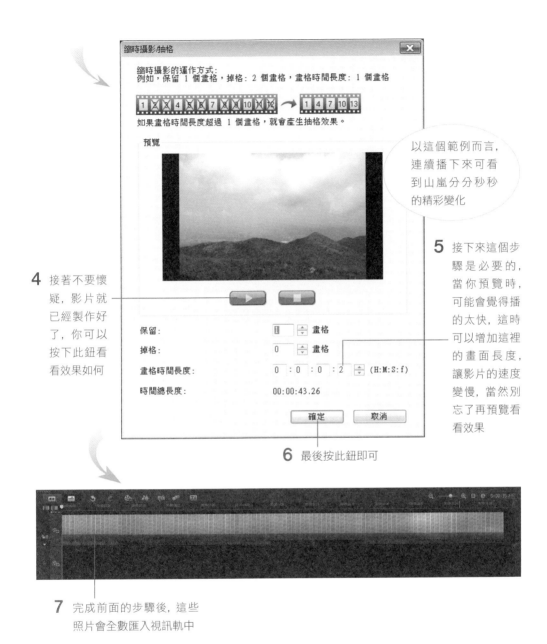

4 接著不要懷疑，影片就已經製作好了，你可以按下此鈕看看效果如何

以這個範例而言，連續播下來可看到山嵐分分秒秒的精彩變化

5 接下來這個步驟是必要的，當你預覽時，可能會覺得播的太快，這時可以增加這裡的畫面長度，讓影片的速度變慢，當然別忘了再預覽看看效果

6 最後按此鈕即可

7 完成前面的步驟後，這些照片會全數匯入視訊軌中

　　接著可以參考第 14 章將素材輸出成視訊檔，而實際的成果可以參考光碟中**成果**資料夾中的 Ch09-01、Ch09-02 這兩段縮時影片。

9-2 | 建立相片光碟的內容

動輒成千上萬張的數位相片, 除了靜靜躺在硬碟、光碟中保存外, 善加利用會聲會影套用各種現成的瀏覽效果, 可以讓相片看起來更加生動!

　　相片光碟可不指單純將相片檔案燒錄到光碟上保存, 這只能算是相片的備份光碟, 瀏覽時只能自己一張一張照片切換, 沒甚麼特別之處。這裡要介紹的相片光碟, 是會自動瀏覽、播放相片檔案, 同時搭配片頭、片尾動畫, 以及悅耳的背景音樂, 而且在每張相片切換時, 還能加上豐富的轉場效果, 甚至是文字說明, 就好比一部由許多相片所串連而成的多媒體影片。

相片光碟會將相片包裝成影片, 燒錄成光碟除了可在電腦中播放, 也可拿到一般的家用 DVD 播放機來放映!

Tip 在此要提醒你一個重要的觀念, 製成相片光碟通常會縮小與壓縮相片, 最後輸出完成的影片檔案也無法保留原始相片的品質。若要保存最原始的相片, 一定要另外燒錄備份檔案喔!

建立相片光碟的準備工作

　　在建立相片光碟前, 請先整理好要放到光碟裡的相片, 並集中放在一個資料夾中, 方便稍後的選取工作。此外, 建議您的相片寬、高尺寸最好符合 4：3 的比例, 若不是, 請利用影像處理軟體將相片寬、高比例調成 4：3, 才能填滿整個螢幕範圍, 避免因填不滿而產生難看的黑邊。

Tip 調整**相片**尺寸可使用 PhotoImpact、Photoshop 這類的影像處理軟體, 如果您還不會使用, 可參考**旗標**所出版的『**正確學會 Photoshop CS6 的 16 堂課**』書籍。

相片的尺寸上下有黑邊，是因為未經過裁切不符合 4：3 的比例所以無法填滿螢幕

將相片改為 800 x 600，符合 4：3 的比例即可填滿整個螢幕

雖然會聲會影亦提供**調成專案大小**的功能，但相片容易產生變形

　　在相片的尺寸考量上，我們要給您一個建議，最好能以輸出格式來選擇最佳的比例。例如最後燒錄好的光碟要拿到 4：3 比例的電視播放，那麼尺寸最好符合 4：3 的比例，播放時才不會變形。若是要放到 16：9 的電視播放，就可以讓相片符合 16：9 的比例。萬一不確定燒錄之後的光碟會被拿到哪裡播放，仍建議您將相片保持 4：3，較能符合大部份的播放設備螢幕比例。另外，有些電視、影音播放器還可自由調整比例，這樣就更不用擔心相片會變形的問題了。

載入相片檔

　　進入編輯畫面後，我們要將把相片匯入會聲會影內，您可以依前面介紹的方法，先將照片匯入**素材庫**，然後再拉曳到**時間軸**。不過這回匯入的是照片素材，可以清楚的從縮圖辨別內容，因此建議可以直接將照片匯到時間軸內。您可以直接載入 **Ch09-sample03** 資料夾內的相片來測試：

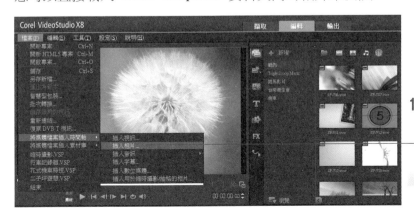

1 執行『**檔案/將媒體檔案插入時間軸/插入相片**』命令

2 進入存放相片的資料夾後,你可以按 Ctrl + A 鍵選取全部的相片;或是按住 Ctrl 鍵不放,選取多張相片

3 按此鈕繼續

這裡筆者是以**腳本檢視**模式來進行

4 這樣就完成載入相片的工作了

調整相片的播放順序

進入編輯畫面後，你會看到剛才選取的相片都在下方的**腳本**列，你可以拉曳相片縮圖來調整播放的順序。若是有不想播放的相片，請在選取該相片後直接按下 Del 鍵將其刪除 (此處的刪除動作，並不會影響原始儲存在硬碟裡的相片檔案)。

如果還有想要加入的相片，請在**腳本**列的空白處 (若是以**時間軸檢視**，則在**視訊**軌最後方空白處) 按右鈕執行『**插入相片**』命令，接著選取相片，但新增的相片會顯示在所有相片的最後面。

直接拉曳縮圖調整相片順序

至於直拍的相片，會聲會影會自動依據相片的 EXIF 設定調正，若是相片沒有自動調正，你可以在選取相片後，在選項面版中按下 🏴 鈕或 🏴 鈕將相片調正。

2 按下此鈕，將相片調正　　**1** 選取直拍的相片

修改相簿的顯示時間

調好相片後，預設每張相片只播放 3 秒鐘，似乎太短了些，其實也可以自己調整時間，同樣是透過**選項**面板來設定：

選取照片後，在此修改相片播放的長度，如此例修改成 5 秒

如果全部的相片都要調整，可以按住 Shift 鍵選取多張照片，或按 Ctrl + A 鍵選取所有照片，然後按右鈕執行『**變更相片時間長度**』命令來調整：

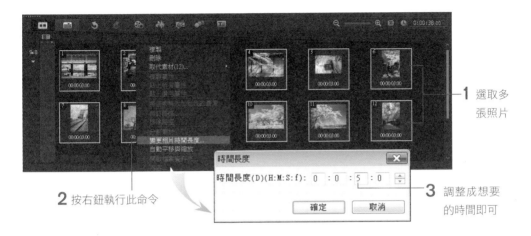

1 選取多張照片

2 按右鈕執行此命令

3 調整成想要的時間即可

自動在相片間加入轉場效果

我們也可以在照片與照片之間加入轉場效果，讓播放更為順暢，只是建立相片光碟時，相片的數量通常是很可觀的，試想要手動在每一張相片間加入轉場效果，是件多麼累人的事啊！這時千萬別忘掉會聲會影提供了在素材間自動加入轉場的功能：

2 按下**套用隨機特效至視訊軌**鈕

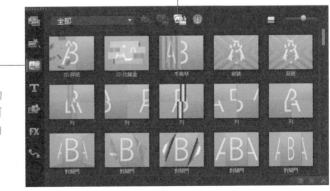

1 按下**轉場**鈕

Tip 若不滿意自動加入的轉場特效，您仍然可由轉場素材庫裡自由修改成其他特效。

3 這樣照片與照片間就都有轉場特效了

9-3 │ 平移和縮放相片濾鏡

建立相片光碟時會自動幫您在相片上運鏡移動, 不過有時候的效果不見得是你想要的, 例如照片可能聚焦到不是很重要的地方, 此時您可以參考本節了解如何自訂平移和縮放的效果。

　　在看旅遊頻道時, 遇到寧靜的美景, 攝影師會左右移動鏡頭, 再慢慢拉近到景色中的視覺重點, 這就是運鏡的手法。在製作相片光碟時, 如果只是一張一張輪播相片當然很無聊。會聲會影中的**平移和縮放相片**濾鏡可以呈現出類似動態攝影時鏡頭的移動或拉進、拉遠效果, 讓觀賞者的目光集中到相片上的某個位置。

自動套用平移和縮放相片濾鏡

　　如果匯入的照片數量較多, 建先套用**自動平移和縮放相片**濾鏡就可以了。底下我們就教您如何替所有相片加入此效果。

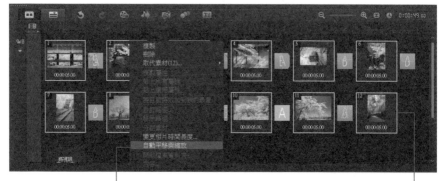

2 在任一張照片上按右鈕執行
『**自動平移與縮放**』命令

1 按下 `Ctrl` + `A` 鍵選取所有照片

4 您可以按**播放**鈕 觀看一下效果 ── **3** 套用好會在照片上顯示此圖示

調整運鏡效果

在全部套用好自動的**平移與縮放**效果後，可以針對某幾張佳作或具代表性的相片再進一步調整效果：

1 選取**腳本**列中的影像素材，即可進入**編輯**步驟再將**選項**面板切換至**相片**頁次：

1 選取影像素材　　　　　　**2** 切換到此頁次

2　按下**平移和縮放**下的列示窗，可選擇一種喜愛的效果，若按下旁邊的**自訂**
鈕，即可開啟如下的**平移和縮放**交談窗，編輯影像移動範圍與路徑：

拉曳方框內的十字和黃色控點，
可調整影像要顯示的範圍

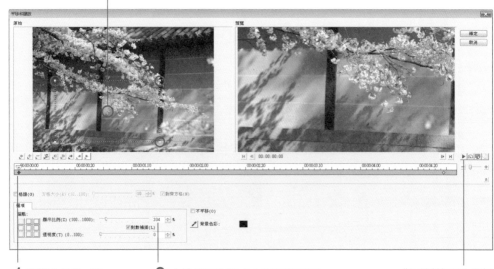

1 點選此控點，讓
　　滑桿停在最前面

2 在這裡可以設定上面預覽畫面
　　的顯示比例，但建議您直接在
　　原始畫面中拉曳虛線框周圍的
　　黃色控點，調整虛線框的大小

你可以按下此鈕播
放調整後的結果

3 剛才我們將虛線框的範圍縮小到強調櫻花，是希望讓相片一開始播放時，能有局部放大的效果；現在我們希望照片在局部放大後，慢慢恢復原來的相片比例並顯示整張相片，請如下設定：

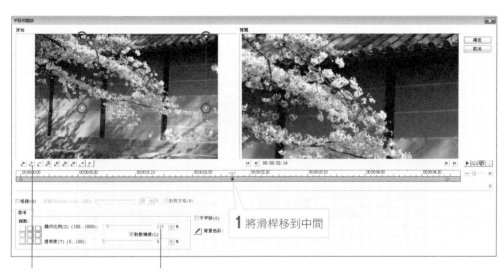

2 按下此鈕, 建立一個錨點　**3** 調整顯示比例

4 再來請點選最後一個錨點，並將顯示比例調到 100%，即可顯示整張完整的相片。

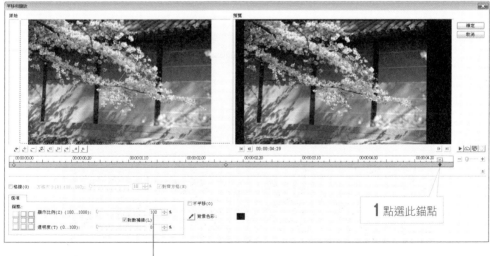

2 將顯示比例調到 100%

Tip 若之前的相片未調整成 3:2 比例, 顯示比例時不要設成 100 %, 可以自行將黃色控點調整成不會有黑邊的最大範圍。

調整相片的播放時間

關閉**平移和縮放**交談窗, 就可以按下**播放**鈕 , 預覽我們修改後的濾鏡效果:

假如相片播放的時間過短, 會使得平移、縮放的速度太快看不清楚, 這時只要將相片的播放時間拉長即可改善。

選取影像素材, 在此設定播放秒數

9-4 │ 建立相簿選單並進行燒錄

相片光碟的內容編輯好了，您還可以再加上相簿選單，讓相片光碟的內容更加專業、完整。

相簿選單架構

編輯好相片光碟的內容後，就可以切換到**輸出**步驟，按下**建立光碟**鈕製作相片光碟了。但是**腳本**列中的所有相片都是屬於同一個專案，在製作光碟時會全部串成一個影片檔，所以建立選單時也只會有一個選單項目，這樣觀眾就得從頭看到尾，不能選擇想要瀏覽的相簿。

雖然你可以再建立一個次選單，並將相片分成多個章節，做出類似相簿的功能，但這樣的做法也不是很完善，觀眾必須在主選單中按下選單項目，再選擇其中的章節。

將所有的相片建在　　　　　建立主選單　　　　　新增章節建立次選單
同一個專案

若是希望在主選單中就能顯示多個相簿，讓觀眾可以依喜好選擇想看的相簿，最好在建立專案前就先想好要分成幾個相簿，各要放置哪些相片，然後再分別建成專案檔，在最後要燒錄成光碟前，將建好的專案檔一一輸出視訊檔，就可以達到相簿的功能了。

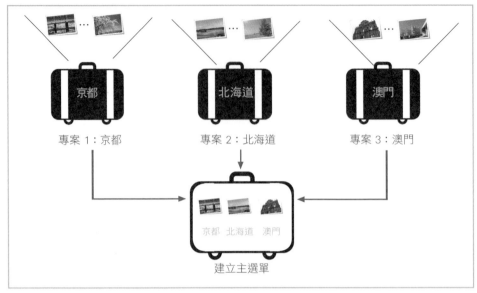

不須建立次選單, 即可達到相簿功能

建立相簿選單專案

以下我們就利用實際範例來做說明。我們想要在主選單上直接顯示先前製作好的縮時影片, 還有**京都、北海道、澳門、峇里島**等幾個選項, 所以必須先分別建立這幾個視訊檔, 並將相片一一加入其中。

1 請在會聲會影中, 開啟一個新的專案, 然後選取第 1 個相簿要擺放的相片。這裡請將**京都**旅遊的相片載入到**腳本**列, 並加上文字說明及背景音樂, 然後儲存專案內容。

1 在先前已經製作好的京都相簿專案中, 再插入文字和背景音樂。

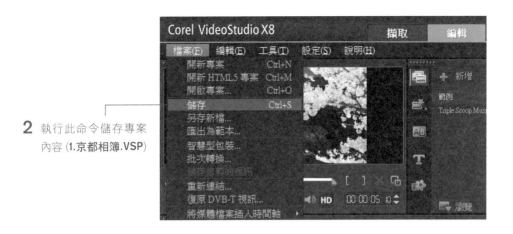

2 執行此命令儲存專案
內容 (**1.京都相簿.VSP**)

儲存完畢後，接著用同樣的方式建立下一個相簿。請再開啟新的專案，選
取要放置到相簿的相片，這次改選**北海道**的相片，依序加入文字、轉場特
效、…等，最後儲存檔案 (**2.北海道相簿.VSP**)。**澳門**相簿影片也是相同
的方式存在 **3.澳門相簿.VSP** 專案。

將多個相簿專案燒錄成一張相片光碟

將前面 3 個相簿的專案都建立好之後，再建立第 4 個相簿專案 (**4.峇
里島相簿.VSP**)，這個專案最後要選擇輸出成光碟，然後可以將先前 3 個相簿
專案直接匯入。會聲會影 X8 可以將您的專案檔當作視訊檔來處理，在製作
這類型整合多個專案的影片時，方便許多。

1 建立最後一個相簿。在新的專案中加入**峇里島**的旅遊相片，完成編輯後直接切換到**輸出**步驟：

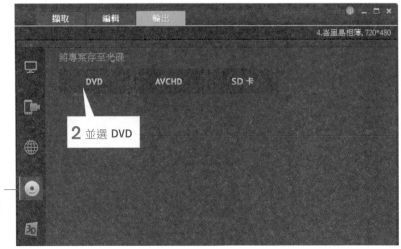

1 選擇此圖示表示要燒錄光碟

2 開啟光碟燒錄功能後，請按左上方的**新增視訊檔**鈕，選擇之前製作好的 3 個相簿專案，若有其他視訊檔也可以一併加入。

1 按下此鈕

2 選取要加入的視訊檔　　　　剛剛製作的 3 個相簿視訊檔

光碟中的縮時攝
影成果視訊檔

3 按此鈕繼續

4 先前製作的視訊檔都準備好了, 可自行調整影片順序　　　可變更每一段
的影片名稱

5 在上圖中按下一**步**鈕繼續後, 就會開啟選單編輯介面, 此處可直接套用縮
　　圖選單的範本, 這樣從主選單就可以預覽照片了。

更改標題文字（每一頁都要記得改喔！）

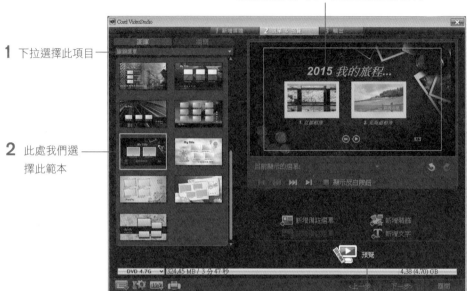

1 下拉選擇此項目

2 此處我們選
擇此範本

點選縮圖可
播放內容

3 按此圖示可預
覽光碟內容

4 預覽完成請按此
鈕準備燒錄

此處可切換選單頁面

5 放入 DVD 空片，
按下此鈕即可
燒錄囉！

10 行車紀錄影片處理

行車記錄器已是目前車輛的標準配備, 許多新聞上時常引用的交通事故影片, 也通常都是車主們提供的行車紀錄影片, 本章我們就綜合之前章節所學, 介紹幾個處理行車紀錄影片的技巧。

本章重點:

- 取出行車記錄器影片
- 影片局部馬賽克處理
- 用動態追蹤工具加上指標和文字
- 重點畫面同步放大

10-1 取出行車記錄器影片

行車記錄器通常是循環錄影, 因此一旦行車過程發生任何事故, 需要取用行車記錄器影片時, 請務必趁早取出, 以免不慎被覆蓋掉。

行車記錄器通常具備 SD 卡, 只要取出記憶卡插入讀卡機, 就能從電腦讀出這些影片, 不過還是要注意幾點:

● **循環錄影**：行車記錄器採取循環重複錄影的方式, 為避免記憶卡爆滿、覆蓋舊影片, 所以需要查看或取出行車紀錄影片時務必要趁早。

● **檔案架構**：行車記錄器都是設定車子一發動就開始錄影, 直到熄火後會自動停止, 錄製的視訊檔案通常會以日期為資料夾名稱來做分類, 而錄製的影片檔名通常以流水號編碼, 部分機種會再加上 "時、分、秒", 您可據此原則快速找到需要的影片。

● **影音格式**：行車記錄器影片格式也有很多種, 絕大多數格式會聲會影都可以處理, 不過有些標準高解析的機種, 可能支援 4K 錄影格式, 匯入到電腦上後製時, 非常消耗系統資源, 若電腦等級不夠好, 建議改採用其他格式來錄製影片。

10-2 影片局部馬賽克處理

行車紀錄影片如果要上傳到網路上,建議關鍵的車號或是流血的畫面能做馬賽克處理,避免引起不必要的爭議。

行車紀錄影片雖然可用來區分事故責任的證據, 但如果是要上傳到網路上, 事故相關車輛的車牌還是不要曝光的好, 或者畫面中有任何流血、受傷的狀況, 最好也能處理後再上傳。

會聲會影中有提供好幾種馬賽克濾鏡, 但無法針對畫面某個物件自動處理, 因此我們必須改用另一個動態追蹤工具來完成。動態追蹤工具可以讓您自行選取影片中的某個物件, 然後會聲會影會自動記下物件移動的路徑, 可以讓您做進一步的處理。

分析車牌出現的路徑

本例我們要搜尋的就是某一輛車的車牌, 然後隨著車輛移動的軌跡, 一路將車牌馬賽克處理。首先請將行車紀錄影片 ch10-sample01 加入到**視訊軌**中, 然後如下操作來分析物體的移動路徑:

2 按下**動態追蹤**功能

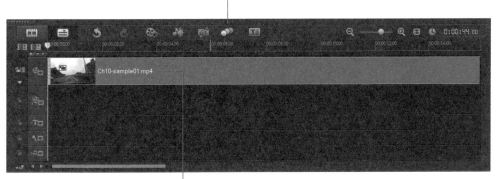

1 點選**視訊軌**中的行車記錄影片拉曳到**視訊軌**中

4 接著將紅色的十字標記移動到車牌的位置（會自動放大顯示）

3 請將影片畫面拉曳到需要掩蓋車牌的車子出現

5 按下此圖示就會開始追蹤

這個功能還用不到，可以先取消此多選鈕，避免畫面中出現其他物件干擾

確認此處是選擇此項

若之前有設過追蹤點，請先按此鈕清除原先的紀錄

6 然後就會一邊播放影片，一邊分析車輛移動的路徑，畫面中的紅白色虛線框會一直追蹤目標車牌

7 當追蹤路徑出現偏差時，請立即按停止播放鈕

8 請拉曳紅點修正追蹤的目標位置

畫面會秀出淺藍色的線條，
就是追蹤的路徑

9 按此鈕繼續追蹤

10 待車輛駛離畫面，或是被蓋住無法辨識時，請**暫停**影片、再
按此鈕可以終止追蹤 (不然路徑會一直追蹤到影片結束)

若原來的車輛又再度出現畫面中, 或者要再追蹤其他車輛, 可按**新增追蹤點**鈕再依照上述步驟追加另一個追蹤路徑

套用馬賽克效果

設定好追蹤路徑, 只要在**動態追蹤**的視窗中, 選擇套用馬賽克效果即可:

4 拉曳此處的窗格, 可以調整馬賽克的範圍 (剛好蓋住車牌就可以了)

2 按下此圖示即會套用馬賽克

3 這裡馬賽克的是車牌, 所以選擇**矩形**

1 選擇追蹤路徑

5 按此鈕完成

完成後回到主畫面，我們可以預覽一下馬賽克的效果：

您可以按此
預覽看看移
動的效果

有分析過路徑的影片都會顯示 🔲 圖示

預覽結果就會看到馬賽克的效果了！

跟隨著車輛移動路徑，
一路將車牌馬賽克

10-3 用動態追蹤工具加上指標和文字

如果影片中有什麼特別需要觀眾注意的, 可能加上指標、箭頭等物件來補充說明, 若要標示的對象是移動中的, 可以搭配上一節的動態追蹤工具來完成。

分析物件的移動路徑

首先我們一樣要利用**動態追蹤**工具找出移動路徑, 這裡我們要追蹤的目標是一輛不當切入的車子:

3 移動追蹤的十字游標到目標物上 (這裡是追蹤車子的輪胎)

5 拉曳藍色的窗格, 這是稍後放置標識的位置, 這裡我們移動到十字游標上方處

4 拉曳黃色控點, 圈住目標

2 取消馬賽克

6 按此鈕開始追蹤

1 要追蹤的目標較大, 改用範圍工具

7 追蹤到目標車輛不當切入
的行為, 就可以暫停追蹤

8 按此停止追蹤

將物件取代成您要的圖形

按下**確定**回到主畫面後, 在**覆疊軌**會自動加入一個物件, 我們只要把這個
物件替換成箭頭 (ch10-sample03) 或其他適合的標記物件, 就可以達到指示
效果:

這是動態追蹤完成後, 自動加入的物件

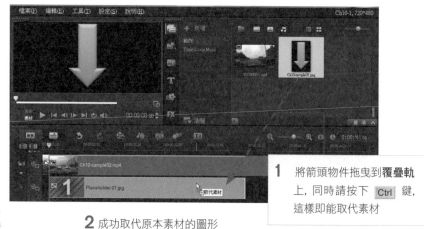

1 將箭頭物件拖曳到**覆疊軌**上,同時請按下 Ctrl 鍵,這樣即能取代素材

2 成功取代原本素材的圖形

3 按此預覽套用的效果

微調路徑,讓效果更臻完善

上述的效果多半差強人意,最大的問題是,畫面中的車輛體積會隨距離而有所變化,但我們的標記物件卻不會。因此接著我們改用另一種方法:

2 在圖形上按右鈕執行**套用追蹤路徑**命令

1 點選先前我們取代的標記物件圖形

3 拉曳這裡的滑桿可以預覽畫面，請將滑桿停留在您想要調整的位置

4 車子接近, 我們將物件的位置移到離車子近一點的地方 (也可以略旋轉物件角度)

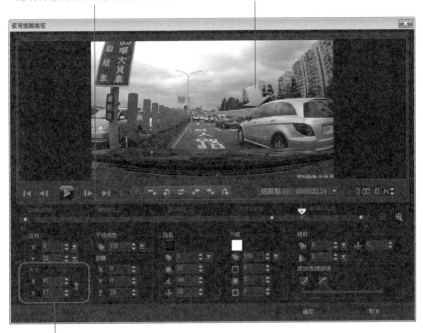

5 另外, 也將物件的大小略放大

6 調整好後, 可繼續移動滑桿到其他想微調的位置

這些都是筆者調整過的位置點 (顯示淡藍色)

7 最後按下確定即大功告成

將動態追蹤路徑套用到文字上

除了加上標示的符號外，若需要再以文字輔助說明，可以參考以下說明，將動態追蹤的路徑匯出後，套用到標題文字上：

2 移到要加入文字的畫面然後雙按畫面輸入文字

1 按下**標題**鈕

4 在標題文字上按右鈕執行此命令

3 將標題的播放時間長度調整和動態追蹤物件一致

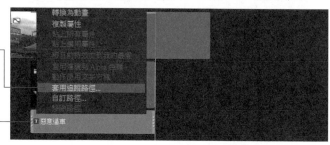

若需要再微調標題文字位置，可以依照前面的步驟來操作

5 接著會開啟**動態追蹤**交談窗，按下**確定**鈕即可

10-4 | 重點畫面同步放大

當影片中的重點畫面目標物太小時, 我們可以利用覆疊軌營造局部放大的效果, 突顯您要表達的重點。

　　若行車紀錄影片離事故地點有一段距離, 拍攝下來的關鍵畫面可能會太小, 這時可以用局部放大的手法, 突顯重點畫面。以下我們將以**覆疊軌**示範同步放大的方法:

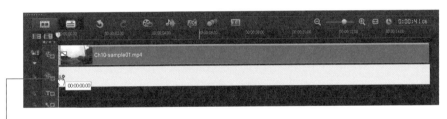

1 複製原來的行車紀錄影片, 並加入到**覆疊軌**

3 將**覆疊軌**畫面移到角落位置, 並調整畫面到適當大小

2 將不要的片段都刪掉, 只留下要放大的重點畫面部分

4 將視訊平移和縮放濾鏡
加入到覆疊軌的影片中

5 開啟**選項**面板

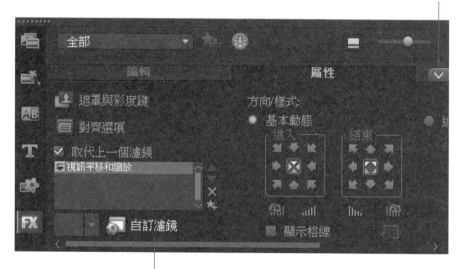

6 按此調整平移縮放效果

8 分別調整前後主畫格的顯示窗格的位置　　　　　　　　　　　　　　**9** 按下**確定**

7 接著就可以將頭尾的畫格都
拉近 (此處是設為 300%)

10 按下**遮罩和彩度**

12 框線設為 "2"

11 將**覆疊軌**的畫面加上紅色框, 這
樣才會和底層的畫面混在一起

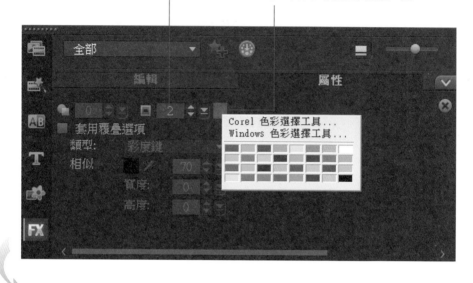

最後可以預覽局部放大效果

11 套用專業範本：
婚禮成長影片

婚姻是人生大事，趁著親朋好友齊聚一堂，來個真情告白或是叩謝親恩，時機再恰當也不過了。若擔心詞窮或泣不成聲，用會聲會影製作一段成長 MV，立即套用專業的範本，情意不打折扣。

本章重點：

● 套用完整範本，快速完成精緻影片

● 自訂組合範本內容

● 下載免費的範本和素材

11-1｜套用完整範本, 快速完成精緻影片

快速範本是會聲會影事先製作好的精緻專案範本, 不管是音效、轉場或是濾鏡效果, 都經過細密的安排而成, 直接套用來製作婚禮影片, 對忙翻了的新人們來說, 實在再適合也不過了!

插入快速範本到時間軸

請開啟一個新的專案, 接著如下操作:

1 首先按下快速範本功能鈕　　　　　　**2** 在此任選一個您喜歡的範本

3 拉曳到時間軸內就可以了

4 按此鈕顯示完整的素材內容

『數字』的部份代表不同的素材，是要讓您置換成自己的照片
或影片素材，其他的文字、音訊部份也都可以自行修改

快速範本與完整範本

您在選擇範本時，在資料夾有幾個分類，其中**片頭**、**中間**、**片尾**稍後會介紹，而**一般**是比較簡單的素材輪播切換，用在婚禮上略顯單薄。而**快速範本**和**完整**看起來就很像，該如何選擇？

快速範本中的 10 個範本，其實分別適合各種不同的場景，例如：生日派對、風景旅遊等，讓需要的使用者可以直接選用類似主題的範本，適合婚禮使用的大概只有一個，整段範本的長度也略短。而**完整**的範本，針對婚禮則有多個範本可套用，內容也豐富許多，建議優先從**完整**範本中挑選。

將範本內容取代成自己的素材

範本置入後，其實影片的輪廓已經大致完成了，我們只要將以『數字』顯示的內容取代為自己的素材即可：

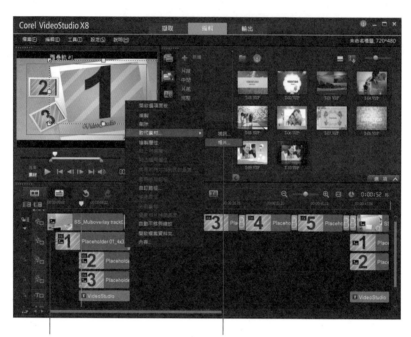

1 選擇要取代的項目

2 接著按右鈕執行『取代素材/相片』命令

3 選擇要取代的相片

4 按此鈕繼續

可以按播放鈕預
覽套用的效果

5 這一個素材已經取代好了

其他地方也如法泡製來取代就可以囉！

更換自己喜愛的音樂

除了更換影片、照片素材外，範本中的音樂是免費的樣本音樂，雖然也很符合婚禮的氣氛，但我相信對新郎新娘而言，一定有更具紀念意義的音樂適合在婚禮上播放，建議您更換成屬於您們的樂章！

在原有的曲目上按右鈕執行此命令

替換成喜愛的音樂

Tip 關於音訊的處理細節，可參考第 6 章的介紹。

11-2 自訂組合範本內容

會聲會影這麼受歡迎，直接套用內建的範本，說真的，很容易跟別人「撞片」，相信您不希望台下的賓客看到您的影片立即脫口：欸！跟我的結婚影片好像…。

在**快速範本**中，分別有**片頭**、**中間**、**片尾**類別，可以讓您從中各自挑選喜歡的範本，然後組合成一段結構完整的婚禮影片。

● **片頭**：會有大大的影片標題和主要的代表影像。

● **中間**：利用各種運鏡手法、濾鏡特效和轉場效果，動態的輪播各種素材，過程中也可以加上輔助的說明文字。

● **片尾**：可以顯示演出表或感謝清單，畫面和音樂也會有淡出的結束效果。

這 3 類範本各有 30 多種可選擇，相信您一定可以組合出獨特的影片內容。

插入片頭範本

首先插入片頭範本到影片開頭處：

2 在選定的範本上按右鈕

1 選擇**片頭**

3 執行此命令，
將範本放在
片頭

範本已經插入到時間軸了

插入中間和片尾範本

接著請再選擇**中間**、**片尾**範本，然後依序插入到影片中，要注意插入的順序，才能確保影片有完整的架構：

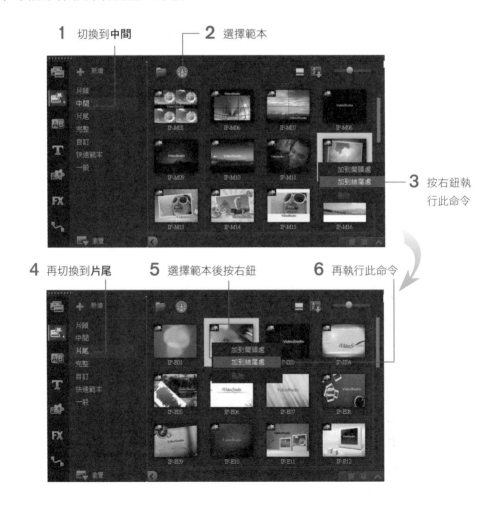

最後組合不同類型範本的成果

7 同樣在素材上按右鈕，執行此命令
換成自己的照片或影片即可

　　由於範本的風格差異頗大，在挑選各類範本時，要特別注意彼此間會不
會太突兀或太紛亂，最基本至少要選擇色系接近的範本，總之自訂範本內容一
定要多費一些功夫，不過婚禮只有一次，多用點心也是合理的。

11-3 下載免費的範本和素材

除了內建的範本外, Corel 也有提供線上免費範本下載, 擔心用內建素材容易和別人重覆, 可以試試額外提供的範本。

註冊成為 Corel 會員

2 按下此鈕

1 挑選任一種 — 素材類型

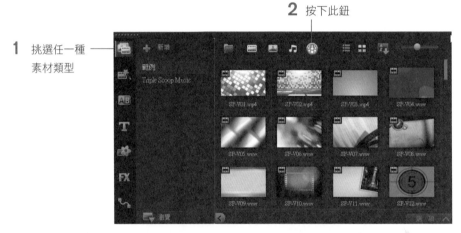

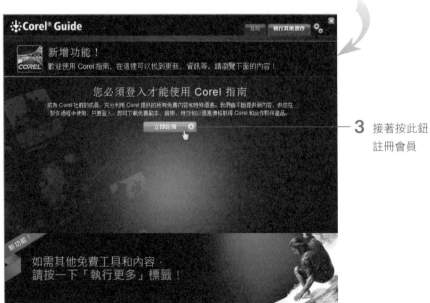

3 接著按此鈕 註冊會員

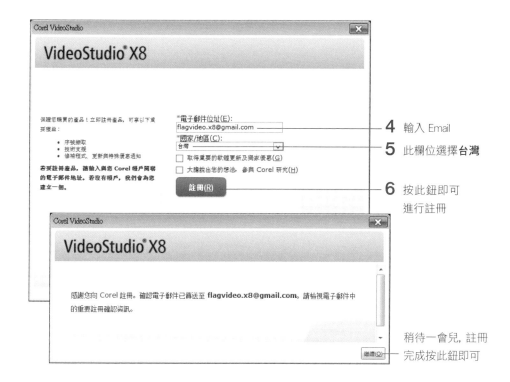

4 輸入 Email

5 此欄位選擇台灣

6 按此鈕即可
進行註冊

稍待一會兒, 註冊
完成按此鈕即可

下載安裝免費素材

Corel 提供的免費素材分為幾種類型, 您可以自行選擇進行下載：

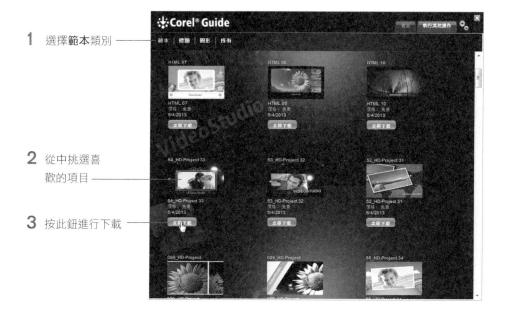

1 選擇範本類別

2 從中挑選喜
歡的項目

3 按此鈕進行下載

下載過程若出現錯誤視窗,請直接按**是**鈕略過

4 下載完畢請按此鈕開始安裝

5 同意使用授權

6 按此鈕開始安裝

7 安裝完畢

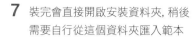

7 裝完會直接開啟安裝資料夾, 稍後
需要自行從這個資料夾匯入範本

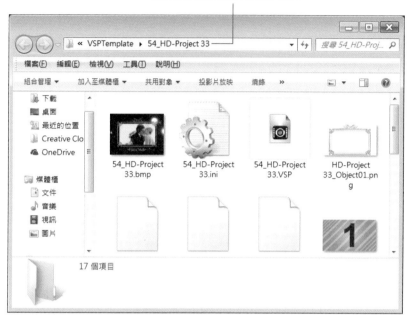

匯入新範本或素材到會聲會影

下載、安裝完畢後, 範本或素材已經存到您的硬碟上, 通常會自動匯入到會聲會影中, 若您在會聲會影中沒看到, 也可以手動匯入：

2 按此鈕

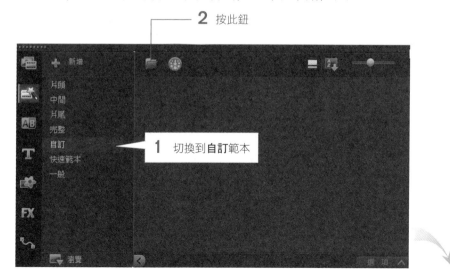

1 切換到**自訂**範本

3 切換到剛剛安裝新範本或素材的位置

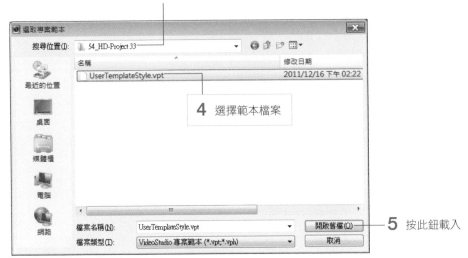

4 選擇範本檔案

5 按此鈕載入

6 成功匯入到會聲會影鐘之後，
就可以依照前述步驟套用囉！

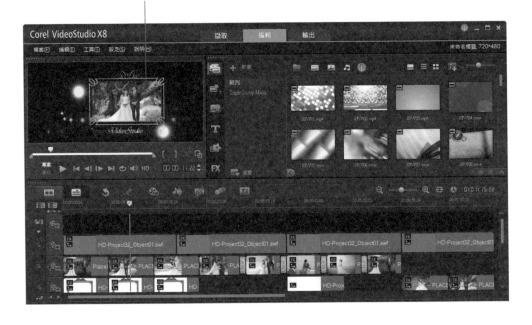

12 錄製螢幕畫面：製作教學影片

會聲會影中的螢幕錄製功能，可以將所有我們在螢幕
上所進行的操作、聲音錄製成影片檔，還能同步側錄
旁白解說，能做到此功能的軟體往往要價不斐，現在只
要透過會聲會影就可以輕鬆做到！

本章重點：

● 螢幕錄製的設定

● 錄製系統畫面和同步旁白解說

● 教學影片的後製處理

12-1 螢幕錄製的設定

在錄製前, 請先檢查相關設備是否正常運作, 確認系統音效開啟、麥克風正常收音, 才能確保錄製後的結果沒問題。

首先請開啟會聲會影後, 從**擷取**步驟中選取執行**螢幕錄製**項目:

Tip 從**開始**功能表中的 Corel VideoStudio Pro X8 資料夾中, 執行 Corel ScreenCap X8 也可以開啟**螢幕錄製**交談窗, 不過錄製完常關不掉, 建議還是從會聲會影中執行。

1 切換到此步驟

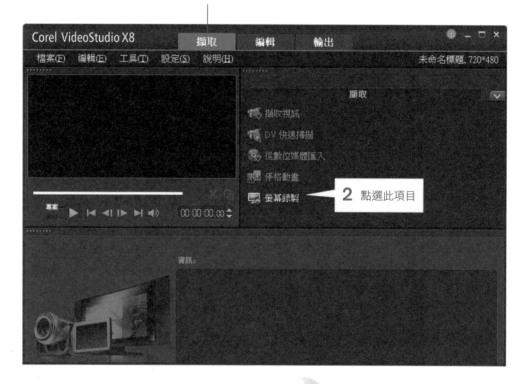

2 點選此項目

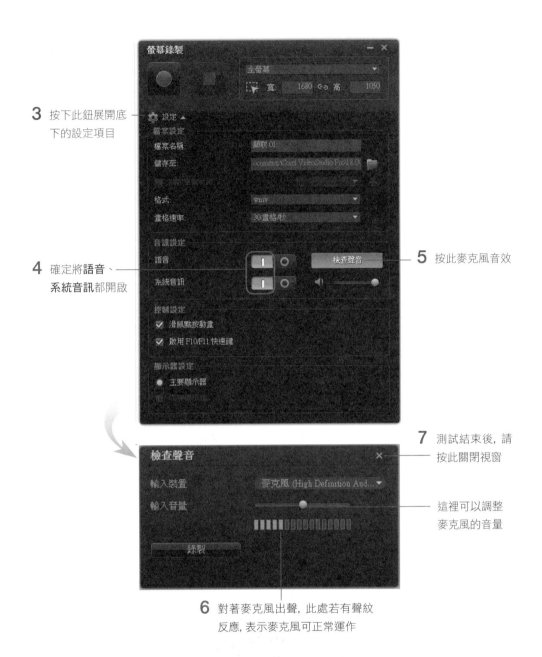

3 按下此鈕展開底下的設定項目

4 確定將**語音**、**系統音訊**都開啟

5 按此麥克風音效

7 測試結束後, 請按此關閉視窗

這裡可以調整麥克風的音量

6 對著麥克風出聲, 此處若有聲紋反應, 表示麥克風可正常運作

測試過程中, 若麥克風沒有收到聲音反應, 請到 Windows **控制台**內檢查相關設定。

回到**螢幕錄製**設定畫面後, 確認一下稍後檔案儲存的位置和名稱, 其餘設定建議都不須更動。接著就可參考下一節, 了解如何錄製螢幕畫面了。

12-2 錄製系統畫面和同步旁白解說

對電腦技術稍微熟悉一點的人, 一定常常會被問到各種電腦操作的問題, 如果用口頭解說還是講不清楚, 那就直接錄下操作方法, 再加上旁白解說, 保證萬無一失。

自訂要錄製的螢幕範圍

延續上一節的操作, 畫面是停留在螢幕錄製的設定交談窗, 此時請留意螢幕上的各個角落, 會發現被上下左右共 8 個白色小方塊包覆住。白色小方塊所圈選的區域就是待會開始錄製時會錄到的範圍, 預設是錄製全螢幕畫面。

由於全螢幕畫面會讓要操作的按鈕或選項相對太小、比較不明顯, 因此建議您僅錄製應用程式的畫面, 然後略縮小應用程式的視窗, 這樣可以聚焦在畫面的重點。

原先是錄製全螢幕

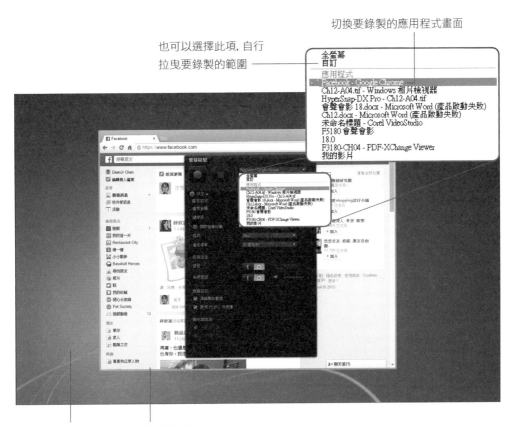

切換要錄製的應用程式畫面

也可以選擇此項, 自行
拉曳要錄製的範圍

其餘暗部區域不
會被錄製進去

這是錄製的部分

選擇錄製應用程式視窗後, 錄製的範圍並不是絕對固定不動的, 操作過程中若視窗有所移動, 會聲會影仍然會錄製完整視窗畫面內容, 不會受到干擾。

開錄啦！

一切準備就緒, 按下錄製鈕就可以開始錄製。以下我們就以「關閉臉書影片自動播放」的操作為例進行示範:

1 按下此鈕開始錄製

2 接著會倒數 3 秒準備錄製

F10 為停止錄製快捷鍵，F11 為暫停／繼續錄製快捷鍵

按 F11 也有同樣功能

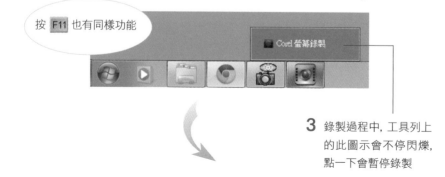

3 錄製過程中，工具列上的此圖示會不停閃爍，點一下會暫停錄製

錄製過程中，請記得要口頭解說相關操作步驟，可以一併錄製到影片中，這樣的教學效果一定更好。

12-3 教學影片的後製處理

錄製好的螢幕操作畫面, 還有搭配您的旁白解說, 應該算很清楚了, 不過若是操作的內容比較複雜, 建議可以在會聲會影中進行加工, 讓您的教學影片更臻完善。

切割影片, 局部放大關鍵步驟

教學影片最重要的就是要清楚交代畫面中要操作的選項、按鈕的位置, 因此建議您將每個操作步驟分割成獨立片段, 然後再將關鍵步驟放大顯示:

1 將錄製好的螢幕畫面拉曳到時間軸中

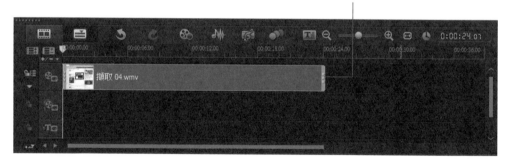

2 將每個操作步驟分割成獨立片段,
此處我們分成 5 段

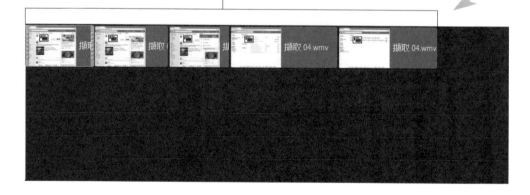

3 切換到**特效**

4 套用**視訊平移縮放**特效

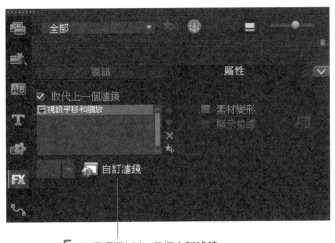

5 在**選項**面板中, 選擇**自訂濾鏡**

7 將框選範圍拉曳到螢幕的關鍵步驟　　**8** 按此鈕確定即可

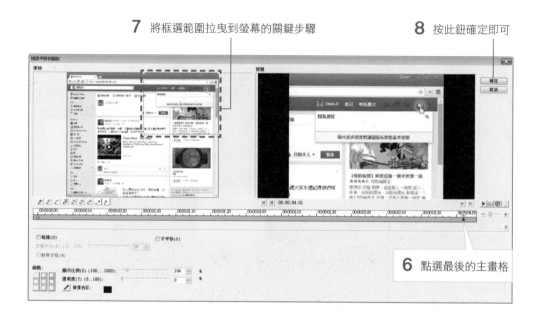

6 點選最後的主畫格

　　接著其餘影片也請以相同方式，套用**視訊與平移**特效，局部放大關鍵的操作步驟。

讓關鍵畫面多停一會兒時間

　　如果覺得放大畫面後，操作太快不夠清楚，還可以凍結關鍵的畫面多停幾秒鐘：

2 在時間軸上按右鈕執行此命令

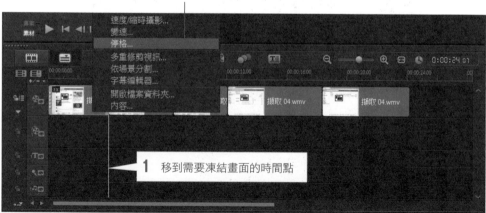

1 移到需要凍結畫面的時間點

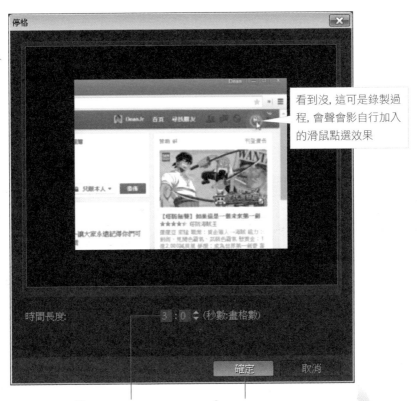

看到沒, 這可是錄製過程, 會聲會影自行加入的滑鼠點選效果

3 輸入此畫面要停留的時間, 預設是 3 秒鐘

4 按此鈕

5 接著時間軸就會直接插入 3 秒鐘的凍結畫面了

片頭加上標題文字

整段影片都處理完畢後，建議可以在最前面加上片頭，簡單說明影片的內容，可以讓整段影片更完整！

4 輸入影片主旨即可　　**1** 按下**快速範本**鈕　　**2** 選擇**片頭**

3 直接將範本拉曳到時間軸最前面

Chapter

13 影音快手：
精華片段速寫

會聲會影新增了**影音快手**工具，可以幫您將
相片、影片等各種素材，以短片集錦的方
式呈現，一分鐘就可以回顧過往的回憶。

本章重點：

● 選定範本，加入影音素材

● 調整標題文字和播放效果

13-1 | 選定範本, 加入影音素材

或許現代人的生活步調真的太快, 許多手機或相簿網站都很貼心的推出集錦短片的功能, 只要幾個簡單步驟, 就可以將許多影音素材, 集結成專業的精華片段, 不到一分鐘就可以盡顯您的影像回憶, 是不是很方便呢!

　　影音快手是會聲會影新增加的工具, 可用來快速製作影音素材的精華集錦, 您可以將同一主題的相片、影片全數匯入, 套用會聲會影現成的範本, 幾分鐘時間就可以完成影片製作, 快速上傳到網站與朋友分享。

　　請先執行『**開始 / 所有程式 / Corel VideoStudio X8 Pro / Corel 影音快手 X8**』命令啟動程式:

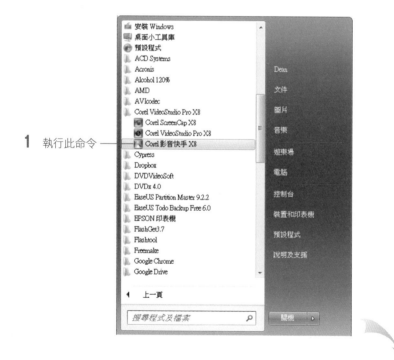

1 執行此命令

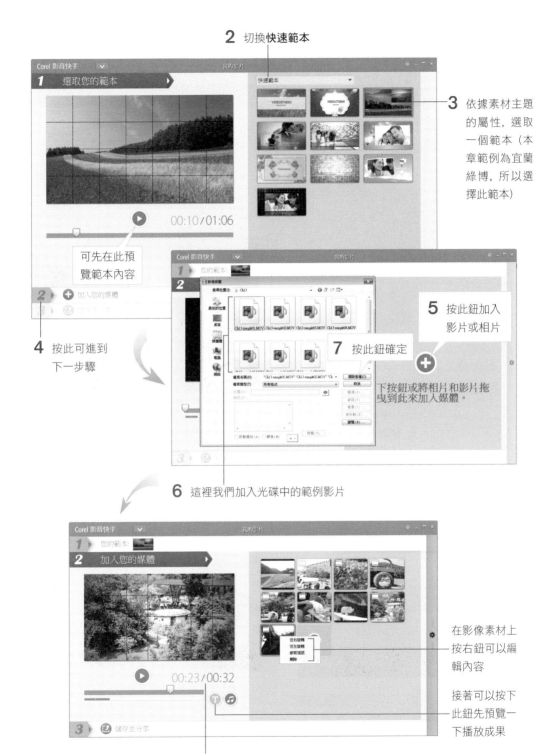

2 切換**快速範本**

3 依據素材主題的屬性，選取一個範本（本章範例為宜蘭綠博，所以選擇此範本）

可先在此預覽範本內容

4 按此可進到下一步驟

5 按此鈕加入影片或相片

7 按此鈕確定

下按鈕或將相片和影片拖曳到此來加入媒體。

6 這裡我們加入光碟中的範例影片

在影像素材上按右鈕可以編輯內容

接著可以按下此鈕先預覽一下播放成果

這就是製作好的集錦影片的長度

13-2 | 調整標題文字和播放效果

影音快手的範本會套用現成的音樂和背景, 原則上直接套用就有不錯的效果, 不過請務必要更改標題文字, 以免主題和標題搭不起來。

修改標題文字

影音快手中的範本都是會聲會影精心設計過, 包括背景影像、背景音樂等, 不過標題文字一律都是 "VIDEO STUDIO", 這樣的文字出現在影片中自然是很不合適, 當然要改掉。請先按下播放鈕預覽影片內容:

1 播放到影片中有標題文字時, 先暫停播放

此處可更改文字樣式

3 接著就能修改影片中的文字囉! **2** 然後按下此鈕

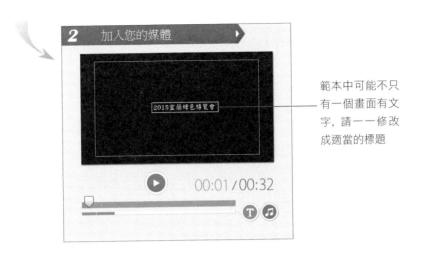

範本中可能不只
有一個畫面有文
字，請一一修改
成適當的標題

微調影片內容

除了更改標題文字外，我們還可以更換背景音樂、添加自動平移的運鏡
效果：

2 按此可加入其他音樂

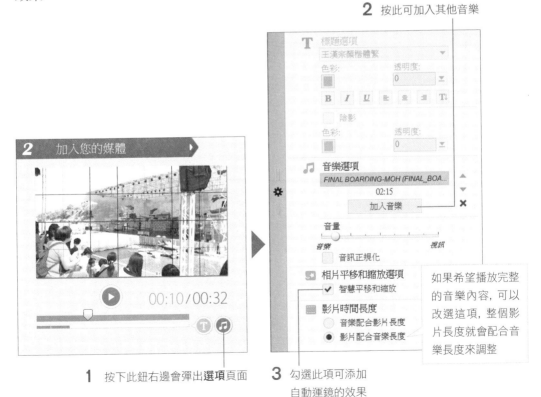

如果希望播放完整
的音樂內容，可以
改選這項，整個影
片長度就會配合音
樂長度來調整

1 按下此鈕右邊會彈出**選項**頁面

3 勾選此項可添加
自動運鏡的效果

上述的編輯功能在前面章節大致都介紹過，相信您已經很熟悉了，這裡就不再贅述。

完成影片

影片內容都設定好之後，接著就可以選擇輸出影片了。您可以先轉成影片檔存在電腦上，也可以讓會聲會影直接幫您上傳各大社群網站，這裡我們先轉成 AVI 影片，至於其他選項的說明，在後續幾章會有詳細說明。

1 切換到第 3 個步驟　　**2** 按此圖示選擇　**3** 選擇 AVI
　　　　　　　　　　　　　　　轉存成影片檔

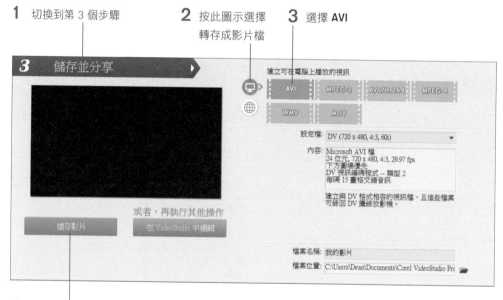

4 按下此鈕就會開始儲存影片內容

按此圖示則可以選擇
上傳各大社群網站

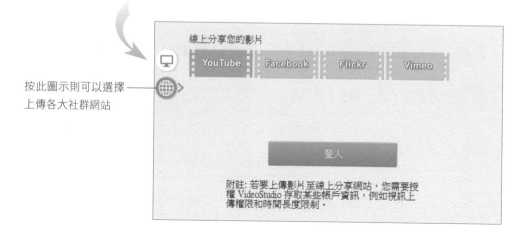

建立視訊檔和影音光碟

影片編輯完成後, 你可以從頭到尾播放一遍, 確定不需
要再變動影片內容, 就可以將成品製作成視訊檔、燒錄
或影音光碟。

本章重點:

- 將剪輯好的影片儲存為視訊檔
- 將影片燒錄成 DVD 影音光碟
- 用 DVD 完整保留高畫質, 將影片燒錄成 AVCHD 光碟
- 將影片轉換成 3D 立體影片

14-1 | 將剪輯好的影片
儲存成視訊檔

以下我們就帶您將剪輯好的影片輸出成視訊檔, 方便傳送給親友或上傳到網站上, 儲存成視訊檔後, 曾經在影片上所做的修剪、各種特效、標題文字、…等也會全部合併在影片裡。

　　要建立視訊檔, 請切換到**輸出**步驟, 在面板中選擇輸出到**電腦**, 接著會出現彈出式選單, 選單中內建了一些影片格式範本, 定義出一些常用的視訊格式及相關選項設定, 你可以直接選擇適當的格式來儲存。

按此鈕　　　　　　　　　　　　　　　　提供這幾種輸出格式

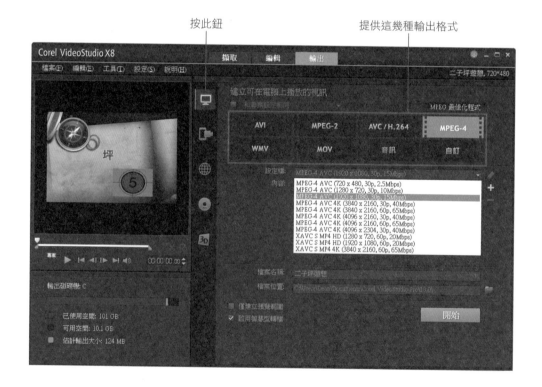

視訊格式說明

　　會聲會影提供 6 種主要的影片輸出格式, 而每種影片格式都還可以再進一步調整影片解析度和品質, 另外也可以選擇只輸出成音訊。建議您依據影片後續的用途, 決定轉檔格式:

● 電腦上播放為主:建議選擇 **MPEG-4** 格式, 可以選擇較高的解析度和品質, 雖然資料量較大, 但在多數電腦上應該都可以順利播放。當然, 若您的電腦配備夠高檔, 也可以選擇輸出 4K 影片。

● 網路上傳為主:建議選擇 **AVC / H.264**, 此格式是專為網路串流播放設計, 可以一邊下載、一邊播放, 比較適合做為網路影片。雖然目前許多人家中多半是光纖寬頻, 但若要確保絕大多數網友觀賞都很順暢, 可以考慮改以 1280 X 720。

Tip 第 15 章會介紹將影片上傳到網路上的操作方法。

● 燒錄影音光碟為主:建議選擇 **MPEG-2**, 可以很方便轉製成 DVD 光碟, 若是播放設備支援 AVCHD, 也可以選擇 **AVC / H.264**。另外還要注意影片尺寸比例, 若影片原本為 4:3 的比例, 輸出到寬螢幕電視上, 將影片畫面整體拉寬, 人像也會顯得較胖, 通常建議選 16:9。

● 行動裝置播放為主:建議選擇 **MOV** 格式, 可以直接在 iPhone、iPad 上播放, 多數 Android 裝置也都支援。

● 在影音家電設備上播放:原則上建議優先選擇最通用的 **MPEG-2** 格式, 不過建議還是確認一下設備支援的影音格式, 再來做選擇比較保險。

Tip 前頁的圖中您還可以看到**自訂**、**音訊**兩種輸出格式, **自訂**其實就只是從上述眾多輸出格式, 自由選擇一種來套用;而**音訊**顧名思義就是只輸出聲音、沒有影像, 使用的機會並不多, 這裡就略過這兩種。

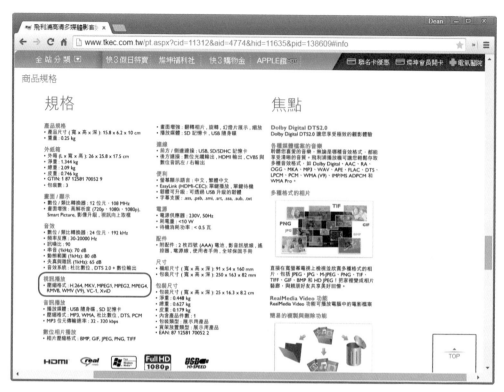

確認設備支援的影音格式, 再來決定輸出的檔案類型, 這樣才萬無一失

 Tip 輸出的視訊檔, 同樣都可以在電腦上觀看, 我們也會在第 16 章教您如何將檔案傳到各類行動裝置內欣賞。

儲存視訊檔

　　選好要儲存的視訊格式後 (我們以 MPEG-4 格式為例), 接著選擇檔案的儲存位置:

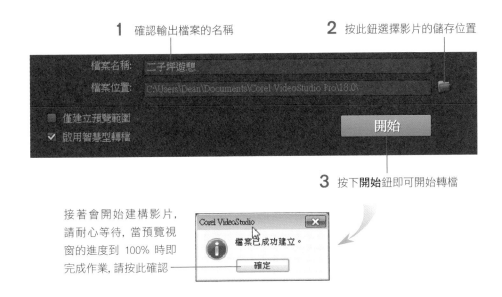

1 確認輸出檔案的名稱

2 按此鈕選擇影片的儲存位置

3 按下**開始**鈕即可開始轉檔

接著會開始建構影片，
請耐心等待，當預覽視
窗的進度到 100% 時即
完成作業，請按此確認

　　建立好的視訊檔預設會自動在預覽視窗中播放，同時在**素材庫**中也會產
生該視訊檔的縮圖，方便你日後拉曳到**腳本列**中編輯。

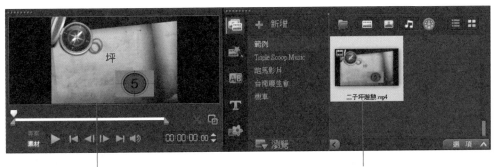

完成後將自動播放影片

在此會自動產生一個視訊檔的縮圖

14-2 | 將影片燒錄成 DVD 影音光碟

除了匯出成視訊檔外，應該還是有人習慣將影片燒錄成光碟，方便在家中客廳的播放器上觀看影片。不管是藍光或最常見的 DVD 播放器，都可以參考本節的方法輕鬆完成喔！

會聲會影內建燒錄功能，你不必另外安裝燒錄軟體，就可以將剪輯好的影片直接燒成 DVD 影音光碟，而且還可以製作像電影 DVD 的播放選單，本節我們就來學習如何製作影音光碟。

燒錄影音光碟

在會聲會影編輯完成的專案後，若要製作成影音光碟，請切換到**輸出**步驟，在面板中選擇輸出成光碟：

2 選擇 **DVD** 項目

1 按下此鈕

DVD 影音光碟的燒錄流程

　　要建立 DVD 影音光碟, 只要在交談窗中一步步設定就能完成。以下是建立光碟的幾項工作, 請先了解大致的步驟, 稍後會說明詳細的操作。

1. 選擇燒錄格式、加入素材檔

2. 製作與美化播放選單

3. 預覽輸出後的成果 (可省略)

4. 開始燒錄

5. 燒錄完成, 用 DVD 播放器播放影片

1. 選擇燒錄格式

依前述方法啟動 DVD 燒錄功能後，請將 DVD 空白光碟放到燒錄機中，依以下步驟操作：

1 按此鈕，可修改 DVD 的格式

此處會顯示光碟的使用狀況（包括影片的檔案大小、光碟的可用空間…等資訊）

DVD 8.5G
DVD 4.7G
DVD 2.6G
DVD 1.4G

DVD 4.7G　101.30 MB / 1 分 10 秒　　　4.38 (4.70) GB

下一步>　關閉

這裡可以調整畫面比例

加入其他視訊檔

如果還有其他視訊檔要一起燒進光碟中，可以依以下步驟繼續加入影片：

1 按下此鈕新增其他影片

如果是在剪輯完後，直接按下**建立光碟**鈕，則所有片段會全部合為同一個影片，按**播放**鈕可以播放影片內容

2 切換到要加入視訊所在的資料夾

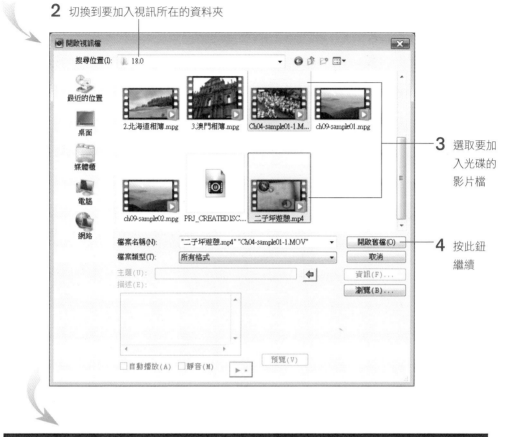

3 選取要加入光碟的影片檔

4 按此鈕繼續

成功加入其他視訊檔, 可以用拉曳的方法調整播放順序

2.編輯光碟播放選單

選擇製作 DVD 光碟, 當然少不了要有光碟播放選單、讓我們可以彈性
選擇要觀賞的片段, 不用從頭開始播放, 請跟著以下步驟, 設計一個別出心裁
的光碟選單：

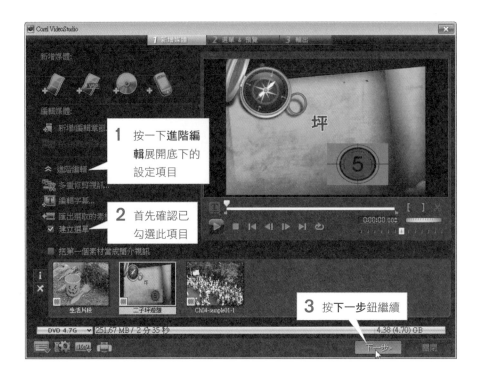

選擇選單範本

　　會聲會影內建豐富的光碟範本，以下將以筆者認為最酷炫的**動畫過場選單**來示範如何套用：

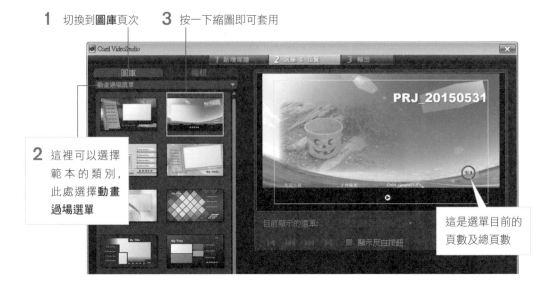

變更選單背景

若內建的範本實在沒有適合並喜歡的主題，我們也可以用自己喜愛的圖片或影片當成背景：

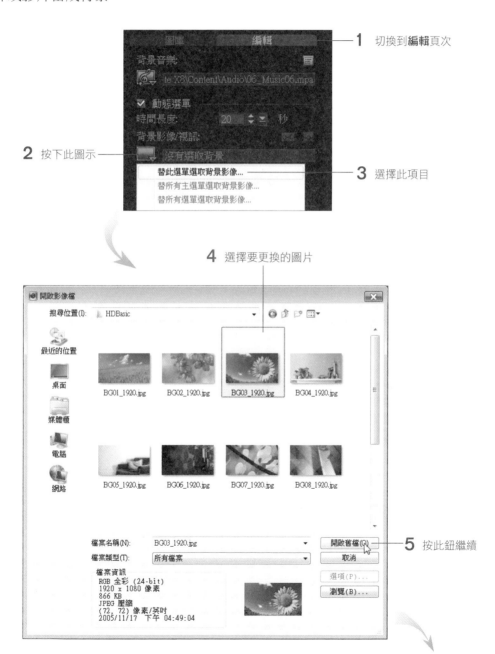

1 切換到**編輯**頁次

2 按下此圖示

3 選擇此項目

4 選擇要更換的圖片

5 按此鈕繼續

6 套用完成, 以此處的
影片內容為例, 更符
合戶外遊憩的感覺了

變更選單轉場效果

　　若套用預設的選單範本, 你會發現選單播放時, 還有動態的效果。原來
選單使用了轉場效果, 而且我們也可以更換成其他效果, 現在就來試試吧!

1 選擇要變更進入
選單時或離開選
單時的特效, 這
裡選擇**選單淡入**

2 選擇一種
轉場效果

3 按此鈕播放選單,
檢視所套用的效果

變更選單文字

　　選單的文字預設是套用系統的預設字型
(通常是新細明體)，看起來好像呆板了些。
其實選單上的所有文字，都可以變更字型、
顏色、字體大小等。變更的方法很簡單，請
用滑鼠點選要變更的字，該文字的四周就會
出現黃色的控點：

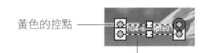

黃色的控點

每個片段預設的名稱
是影片檔的檔名，我
們也可以加以變更

1 先用滑鼠一次
框選要編輯文
字樣式的物件

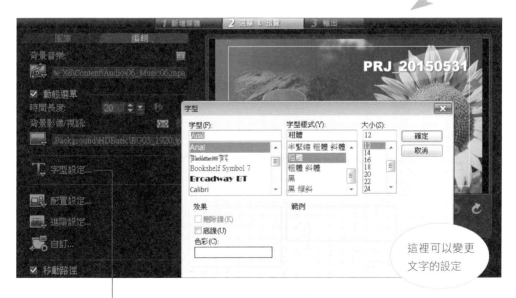

2 按下此鈕, 開啟**字型**交談窗

這裡可以變更
文字的設定

　　很熟悉吧？沒錯，這裡的操作和影片編輯畫面相同，可以修改名稱、也
可以用拉曳的方式改變尺寸、角度…等，在此就不多做說明了。

修改後的文字是不是更美觀了？

加入裝飾

除了套用範本本身提供的內容外，我們也可以加入更多物件，請按**新增裝飾**鈕開啟瀏覽畫面：

1 按下此鈕

這些是軟體內建的裝飾物件

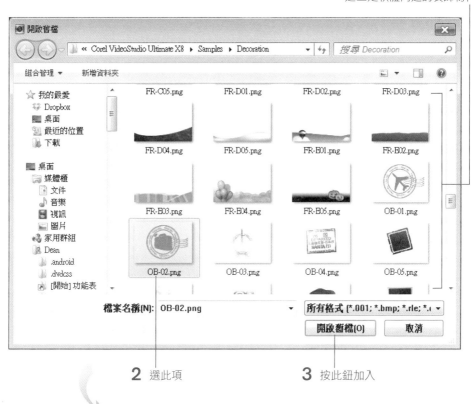

2 選此項　　　　**3** 按此鈕加入

4 變更素材的尺寸後, 將素材移動到想要的位置上

Tip　如果不希望插入的裝飾物件蓋住文字, 可以按滑鼠右鈕, 執行『**排列 / 移至底層**』命令。

變更選單配樂

對選單的配樂覺得不滿意嗎?那就換成自己喜歡的音樂吧!

1 按下**背景音樂**鈕

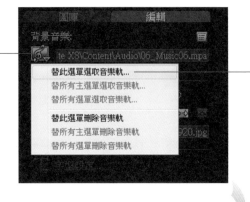

2 選擇此項

預設會開啟存放內建配樂的資料夾, 你
可以切換到自己存放音樂的資料夾

3 選好音樂後,
按此鈕即可
替換音樂

按此鈕可以播放選取的音訊檔

3.預覽播放

　　做好了光碟選單後，請不厭其煩的按下**預覽**鈕，我們來預覽完成的結果。進入播放畫面後，就會自動播放光碟選單，我們可以利用左方的控制器來測試選單是否正常：

按下 4 個方向鍵，可控制選單切換目前作用的物件

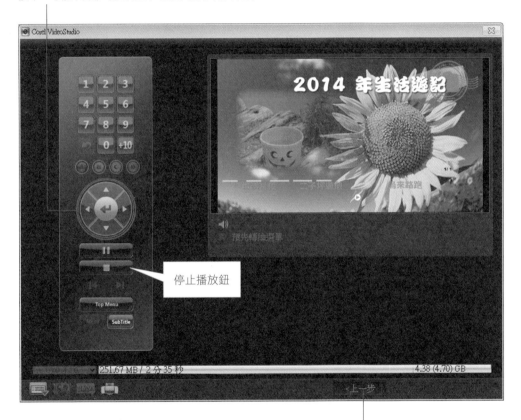

停止播放鈕

預覽完可按此鈕回到上一個畫面

4.將影片燒錄至光碟

　　預覽結束後，請按最下方的**下一步**鈕開始燒錄光碟 (記得將空白光碟放入燒錄機中)，接下來程式會自動將專案轉換成 DVD 格式的檔案，再燒錄到光碟中，我們無需做任何設定，只要靜靜等待即可，夠簡單了吧！

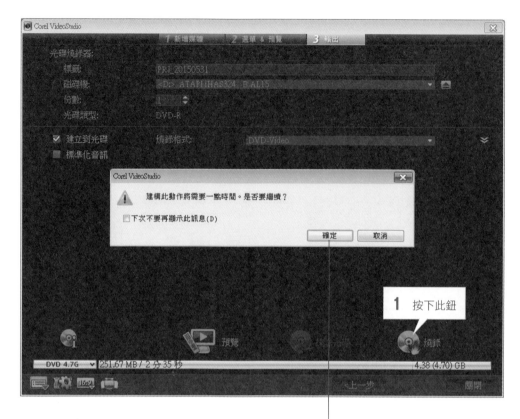

2 最後按下此鈕就會開始進行燒錄工作

　　燒錄完畢回到媒體瀏覽畫面，請按下右上方的**關閉**鈕結束工作，燒錄完成的光碟片已經可以拿到家用 DVD 播放器播放了。

3 燒錄完成

　　若您之前已經先將影片轉成 MPEG-2 再燒錄成影音光碟，這裡等待的時間應該不會很久，若是從專案直接燒錄成光碟，那就會花費多一點時間了，若影片的長度很長，那還是請您先休息片刻，讓電腦專心處理轉檔和燒錄工作，會比較有效率。

14-3 用 DVD 完整保留高畫質，將影片燒錄成 AVCHD 光碟

藍光燒錄機、空片並不便宜，想保留 FULLHD 影片的高畫質，非得花大錢不可嗎？不必！只要將影片燒成 AVCHD 的 DVD 就行啦！

　　AVCHD 格式能完整支援 HD 高畫質影片、而且更省儲存容量，若想將影片燒錄成 AVCHD DVD 光碟 (一般稱為 MINI BD)，還得注意以下限制條件，以免燒錄出來的光碟片無法播放：

● **不能使用 CD 光碟進行燒錄**：AVCHD 僅能燒錄成 DVD 或藍光光碟，無法利用 CD 燒錄 AVCHD 光碟。

● **燒錄時間限制**：一般的 DVD 光碟片容量約 4.7 G，只能燒錄約 40 分鐘影片，而單面雙層的 DVD 光碟片容量約 8.5 G，大約能燒錄約 70 分鐘的影片。若片長超過 DVD 容量，建議可將影片分割為數個片段分別燒錄。

● **僅能在支援 AVCHD 影片格式的設備上播放**：製作完成出的 AVCHD 格式光碟僅能在藍光光碟機、PS4 或電腦的 DVD 光碟機上播放；無法在一般家用 DVD 播放器上觀賞。

　　瞭解 AVCHD 光碟的限制後，以下便教您製作 AVCHD 光碟，請先將要燒錄的影片載入會聲會影編輯，編輯完成後，切換到在**輸出**步驟，在**選項**面板按下**建立光碟**鈕，然後如下操作。

2 選擇 AVCHD 格式

1 按下此項目

確認這裡是顯示 AVCHD 格式

3 按下一步鈕

4 選擇一種光碟選單範本

按此鈕可以預覽　　　　**5** 按**下一步**鈕

6 按下此鈕開始
進行燒錄工作

Tip　AVCHD 光碟的燒錄的時間較久, 請耐心等候。

14-4 | 將影片轉換成 3D 立體影片

這幾年 3D 電影大行其道, 只要是所謂的強檔院線片, 幾乎都有 3D 放映的版本, 腦筋動得快的家電商, 也紛紛將 3D 放映功能加入到家用電視機中。

    3D 影片是利用左右眼視差的原理, 透過 3D 眼鏡讓左右眼看到不同視差的畫面, 進而產生立體效果, 而產生不同視差畫面的方法最常見的是紅藍色差式和 SBS (Side-by-Side) 左右雙重疊影。前者可以直接在各種款式的電視上播放, 戴上紅藍色差眼鏡就可以有 3D 效果, 不過影像的立體效果比較不顯著; 後者則是目前市售 3D 電視所採用的方式, 會將畫面分割成左右各一半, 搭配偏光式 3D 眼鏡, 形成立體效果。會聲會影同時支援這兩種 3D 影片製作, 如果您家中有 3D 電視可以選擇後者。接著就為您示範輸出 3D 影片的步驟:

1 切換到**輸入**步驟

共提供 4 種 3D 影片檔案格式

2 點選此圖示

　　會聲會影的 3D 影片提供 4 種檔案格式, 除了 **MVC** 之外, 都可以選擇將畫面轉換成前述兩種 3D 影片的形式, 只是最後儲存的檔案格式不同。而第 4 種 **MVC** 其實也是以 SBS 的方式製作的 3D 影片, 只是有特定的畫面影像儲存方式, 因此必須要支援此檔案格式的設備才能解讀。在此我們建議選擇製作成壓縮率較高、流通也很廣的 **AVC／H.264** 檔案格式, 之後還可以轉燒錄成高畫質的 AVCHD 光碟:

3 選擇此檔案格式

5 立體深度維持預設的 "70"

4 選擇製作 SBS 式的 3D 影片

6 按此鈕

Tip　立體深度的數值越高, 立體效果越明顯, 但依照影片內容和個人觀賞習慣, 不見得越立體越好, 若轉換後的 3D 影片播放效果不佳, 可以略調整此數值再試試看。

製作完成可以將影片透過 3D 電視或螢幕播放，記得選擇**左右合併**或**並排**的播放功能，再搭配 3D 眼鏡就可以看到立體效果了。

3D 選單

按遙控器上的選項，並從選單清單中選擇"3D 選單"，可以調整以下設定。

- 3D 顯示
  - 在 3D 與 2D 顯示模式之間切換。
- 3D 深度調整
  - 在螢幕上調整 3D 影像的深度。僅適用於 3D 訊號的內容。一般使用時，建議選擇"0"。視設定而定，3D 效果可能較不明顯。
- 模擬 3D 效果
  - 以模擬 3D 顯示 2D 影像時，可加強或減輕 3D 效果。
- 3D 眼鏡亮度
  - 使用 3D 顯示模式時設定影像亮度。選擇"自動"，透過 3D 眼鏡的影像亮度會根據"場景選擇"設定自動調整。
- 3D 格式

  模擬 3D：以模擬 3D 觀賞普通 2D 影像。

  並排：以並排格式顯示 3D 內容。選擇此項以並排顯示兩個幾乎相同的影像來觀賞 3D。請在設定"3D 格式"前戴 3D 眼鏡，否則螢幕上雙重模糊的字母將導致指示難以閱讀。

  上下：以上下格式顯示 3D 內容。選擇此項以上下顯示兩個幾乎相同的影像來觀賞 3D。請在設定"3D 格式"前戴 3D 眼鏡，否則螢幕上雙重模糊的字母將導致指示難以閱讀。

3D 電視或螢幕要記得啟用**左右合併**或**並排**播放功能 (畫面來源：SONY 公司網站)

15 將影片上傳至 YouTube、Facebook 精彩秀自己

無論是旅遊所見的美景、寵物的特技表演、小孩的成長花絮等影片,都可以輸出到網路上,讓親朋好友、網友們一同欣賞。本章將以目前最熱門的影片社群網站為例,說明如何將影片上傳至網路上。

本章重點:

- 將影片上傳至「YouTube」網站
- 將影片上傳到 Facebook 與親友共享

15-1 | 將影片上傳至「YouTube」網站

利用會聲會影將影片剪接完成後, 除了輸出成視訊檔或燒錄成光碟保存外, 還可以上傳至網路讓親友或網友們一起觀看, 當起最佳男、女主角哦!

1 影片修剪完成, 請切換到會聲會影的**輸出**步驟, 然後選擇輸出至**網站**, 就可以選擇直接上傳到 Youtube 網站上囉!

2 按下**網站**圖示　　　　　　　**1** 請切換到**輸出**步驟

3 選擇上傳到 Youtube　　　　**4** 按此進行登入

2 接著要進行登入的動作，請確定目前已經連上網際網路，然後輸入你的
YouTube 帳號及密碼 (也就是 Google 帳號) 進行登入。

Tip 若是尚未擁有 Google 帳號，請按下**建立帳號**進行註冊。

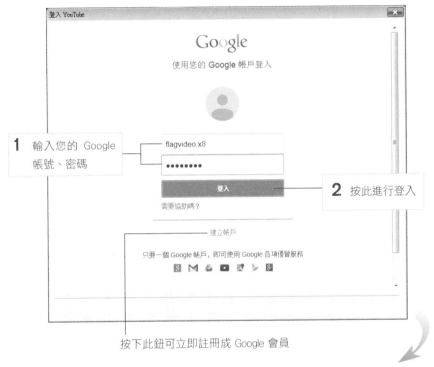

1 輸入您的 Google
帳號、密碼

2 按此進行登入

按下此鈕可立即註冊成 Google 會員

3 按此同意會聲會影可以直接上傳影片

3 登入完成後，接著要輸入影片的相關資訊，並選擇影片上傳的格式，這裡我們直接轉成 MPEG-4 格式的高畫質影片進行上傳，其餘影片資訊請您自行填寫。

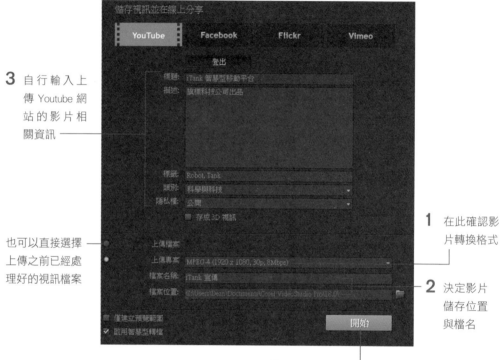

3 自行輸入上傳 Youtube 網站的影片相關資訊

1 在此確認影片轉換格式

也可以直接選擇上傳之前已經處理好的視訊檔案

2 決定影片儲存位置與檔名

4 按此即可開始轉檔、上傳影片

4 上傳完成後，接著會自動開啟瀏覽器並連上 YouTube 網站，通常需要先經過 Youtube 處理後，稍待片刻才能線上觀賞。

剛上傳好的影片，Youtube 會進行整理, 還無法上架

處理完畢後就可以在網站上播放囉！

初次使用 Youtube 服務, 請先完成頻道設定

若您是第一次在 YouTube 網站上傳影片, 請先啟用**我的頻道**, 才能夠上傳影片:

連到**我的頻道**後, 就會自行啟用, 然後才能開始上傳影片

15-2 | 將影片上傳到 Facebook 與親友共享

Facebook 也是超人氣的社群網站, 相信許多人在上頭都有不少好友, 利用會聲會影上傳的方法和前一節所介紹的方法大同小異, 相當容易。

1 首先請在會聲會影中備妥您編輯好的影片, 然後切換到**輸出**步驟, 選擇輸出到**網站**, 然後這次要改選擇上傳到 Facebook, 同樣先登入帳號。

2 按下**網站**圖示　**1** 請切換到**輸出**步驟　**3** 選擇上傳到 Facebook

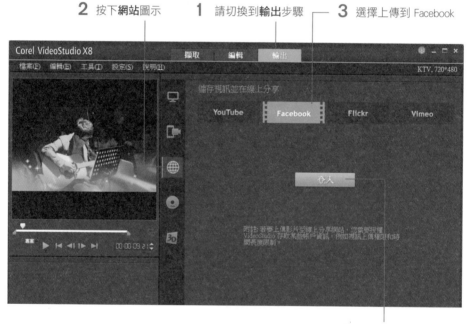

4 按此進行登入

2 輸入您的 Facebook 帳號、密碼後, 按**登入**鈕繼續, 下一個視窗再按下**同意**鈕, 讓會聲會影取得存取 Facebook 的權限:

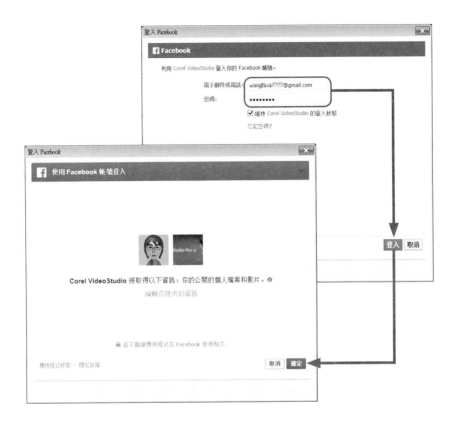

3 接著要同意讓會聲會影可以貼文，不然就無法直接上傳影片到 Facebook 了。

4　接著同樣輸入影片的相關資訊，並可在**隱私權**欄位中設定要給所有人觀賞，指定朋友們才可以看，接著按下**開始**鈕就會幫您上傳到 Facebook了。若您之前已經處理好影片，可以省去轉檔程序，直接選擇要上傳的視訊檔案即可。

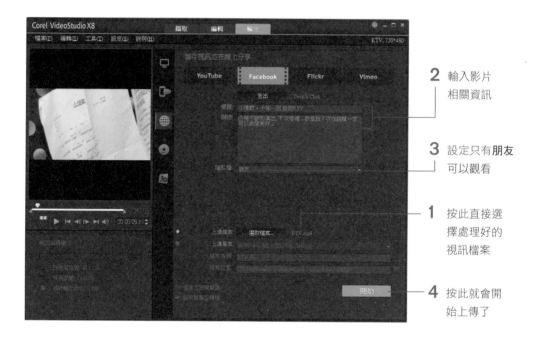

2　輸入影片
相關資訊

3　設定只有**朋友**
可以觀看

1　按此直接選
擇處理好的
視訊檔案

4　按此就會開
始上傳了

5　上傳完畢，先靜待 Facebook 進行處理後，稍待一下子就會出現在 Facebook 首頁，別忘了提醒好友們按個『讚』喔！

16 將影片匯出到 iPad / iPhone / Android 手機 等設備

智慧型手機螢幕越來越大, 用來看影片非常適合, 也很方便攜帶, 本章將個別示範匯出到 iPhone / iPad / Android 等行動裝置的操作方式。

本章重點:

● 將影片傳到 iPhone / iPad

● 將影片傳到 Android 手機

16-1 將影片傳到 iPhone / iPad

會聲會影可輸出成各種檔案格式, 針對目前常見的手持行動裝置, 提供設定好的輸出格式, 讓你只要點選預設的項目, 即可輸出符合該裝置的影片格式。接著只要利用 iTunes 進行同步, 就可以在 iPad 或 iPhone 上觀看。

現在的 iPhone 畫面越來越大, iPad 的畫質也越來越精細, 可以將先前處理好的高解析度影片傳入 iPhone 或 iPad 上, 隨時都能將精心製作的影片分享給朋友觀賞。

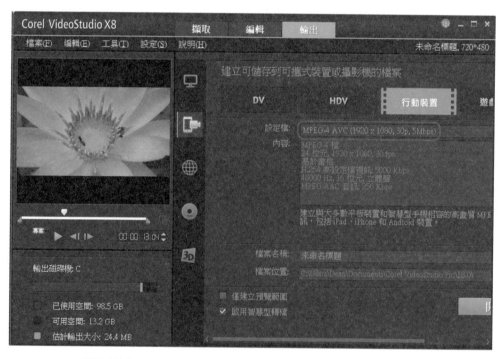

將影片輸出成 MPEG-4 高解析度影片, 可以直接在 iPhone 或 iPad 上播放

　　這裡我們以 iPad 來做示範，iPhone 的操作也相仿。iPad 支援的影片格式有 .mp4、. mov、. m4v、等等，只要轉檔成這些格式，都能透過 iTunes 傳送到 iPad 上面觀賞：

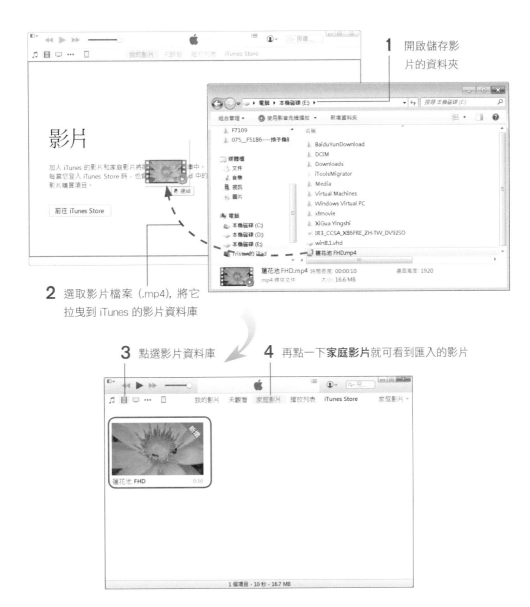

1 開啟儲存影片的資料夾

2 選取影片檔案 (.mp4)，將它拉曳到 iTunes 的影片資料庫

3 點選影片資料庫　　**4** 再點一下**家庭影片**就可看到匯入的影片

　　接著請確認 iPad 已與電腦連接，再點選 iTunes 中的 iPad 裝置，如下操作把影片傳送到 iPad 中：

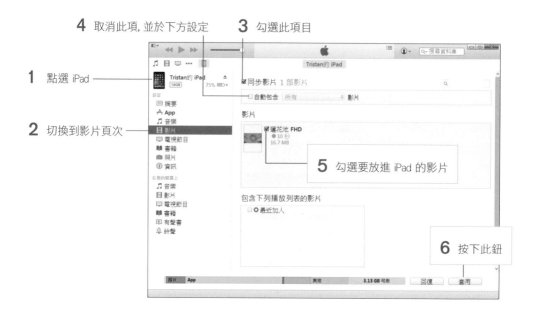

4 取消此項, 並於下方設定　**3** 勾選此項目

1 點選 iPad

2 切換到影片頁次

5 勾選要放進 iPad 的影片

6 按下此鈕

接著 iTunes 就會將影片傳送到 iPad 上, 同步需要花一些時間, 請耐心等待。

影片傳送完成後, 請點選 iPad 主畫面上的視訊圖示進行播放：

點選傳進來的影片

按下播放鈕就可以全螢幕觀賞囉！

16-2 將影片傳到 Android 手機

不管是 Android 手機、平板,只要連接到電腦上,就可以進行影片複製,讓您可以隨時觀看自己編輯後的影片,也方便與親朋好友分享。

　　Android 連接到電腦後,多數都可被視為**卸除式磁碟機**,因此操作步驟比 iPhone 或 iPad 簡單,只要將影片直接複製到磁碟機中,就可以輕鬆在手機上播放影片。

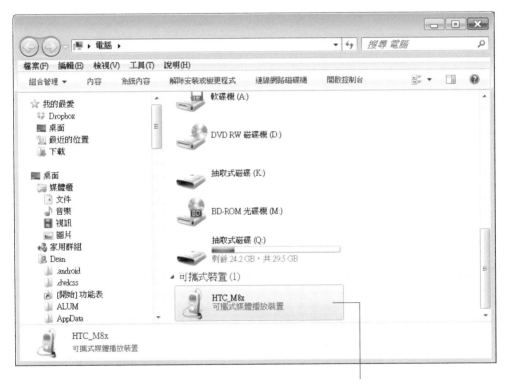

　　　　　　　　　　　　　　　　　　　　　Android 手機接上電腦上,會被當作**可攜式媒體播放裝置**,可直接當作記憶卡或隨身碟存取其中的檔案

Tip　若沒有顯示,請安裝手機原廠提供的驅動程式,應該就可以了。

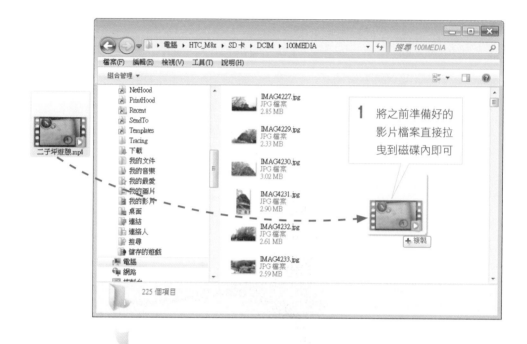

1 將之前準備好的
  影片檔案直接拉
  曳到磁碟內即可

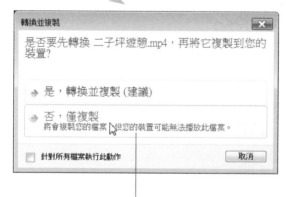

2 若之前已經轉換成手機可接受的 MPEG-4
  或 MOV 影片, 選擇直接複製即可

複製完成後, 就可以在
手機上開啟影片來觀看